アリ語で寝言を言いました

村上貴弘

Takahiro Murakami

まえがき

キョキュキュキュ　キュッキュキュキュキュ

キュキュキュ　キュキュキュ

キョキュキュキュ　キュッキュキュキュキュキュ

キュキュキュ　キュキュキュ

（……ヤバい。これはヤバい……）

2012年9月9日、夜10時過ぎ。パナマ共和国ガンボア市にあるスミソニアン熱帯研究所の宿舎の一室で、僕は言葉を失っていた。耳元にさんざめくアリたちの声、声、声。目の前に置かれているのは、日中、採集してきた「ハキリアリ」の働きアリを入れた飼育ケース。日本から持ってきていたオリジナルの高性能小型録音装置は、確かにアリたちの声をとらえていた。何を言っているのかは当然、わからない。けれど、まちがいなく何か会話をしている。

たとえるなら、まったく理解できない言語が行き交う異国の雑踏に迷い込んでしまったような。あるいは、SF映画でよく見る、奇妙な音声を発する宇宙人たちと遭遇したような。かかわってはいけない、まずい世界を覗(のぞ)き見てしまった……そんな衝撃に襲われていた。

ハキリアリは中南米を中心とした地域に生息するアリで、「農業をするアリ」として昆虫好きにはよく知られた存在だ。その習性に魅(み)せられて、僕はチャンスを見つけてはパナマに通い(25年で合計11回)、熱帯多雨林でときに「パラポネラ」に刺され、ダニにたかられ高熱を出しながら、その生態や行動、進化を研究してきた。

細やかに労働を分業しキノコを育て、協力しながら巣を守るハキリアリの社会性は、研究するたびに驚きがあった。しかし、まさか、アリがしゃべる、とは⁉ しかも、超おしゃべり！

やっぱり、アリはおもしろい。

アリは人間よりもはるかに長い歴史をもっている。

人間はホモ属に属し、1属1種。その起源はアフリカ中央部と現在は考えられている。推定分岐年代は約20万年前。ホモ属はヒト科ヒト亜(あ)科に属していて、そこにはチンパンジー属とゴリラ属が含まれる。ヒトにもっとも近い生物はチンパンジーで、ＤＮＡの塩基配列の比較では約97％程度同じ配列をもっている。このヒト亜科が分岐した年代は１３００万年ほど前だ。さらにもうひとつ上の階層はサル目で分岐年代は６５００万年ほど前になる。さらに上の階層は哺乳綱（ほにゅうこう）で、こちらは約２億２５００万年前に分岐したものと考えられている。

一方のアリ類はハチ目アリ亜科に属していて、アリ亜科は約１億５０００万年前にハチとの共通祖先から分岐。その上の階層のハチ目は２億年ほど前。さらに上の階層の昆虫綱は約４億５０００万年前に分岐したと考えられている。

アリが出現したのは１億５０００万年前だが、約５０００万年前にはほぼ現在のアリの姿・形のものが出そろっている。ハチとは恐竜が姿を消すタイミングで別の進化の道に進んだ。巨大隕石の影響だったのかどうかは、現段階では知るよしもない。

アリの進化の過程における、大きな変化は翅（はね）を捨てたことだろう。ハチはアリよりも種が多様で、社会形態も１匹で生きているものから集団生活をするものまでさまざまだ。しかし、ミツバチもアシナガバチもスズメバチも基本フォルムは変わらない。それは飛ばなくてはいけないという制約から逃れられないからだ（もちろんハチにも例外があり、アリバチの仲間のメスには翅がない）。一方、アリは「飛ばない」という選択によって、ある程度形が自由になり、体の可動域が広がり、地中や朽木（くちき）、石の下、樹上など多様な生活環境に適応していった。

そして現在、地球上には１万１０００種、１京個体のアリがいるといわれている。生物量（バイオマス）は、人間とすべての野生哺乳類を足した重さと同じ程度。多様な種を維持し、量も豊富。アリは資源を枯渇させることなく、多少の入れ替わりはあるにしろ、５０００万年間、この地球で生き延びてきた。ホモ・サピエンスが登場したのは、たった20万年前。昆虫の類は僕らの大先輩であり、なかでも、アリは進化・適応の詰まった宝箱である。

人間は地球に大きな負担をかけながら社会を急速に発展させ、結果、資源の枯渇や新型インフルエンザや新型コロナウイルス（SARS-Covid-2, COVID-19）などの感染症、大地震や津波などの自然災害の問題に直面している。人間ももう少し地球環境に負荷をかけずに変化を受け入れながら生きていけるのではないか？　サステナブル（持続可能な）社会を考えるとき、アリの社会にはヒントが溢れている。僕らがアリから学ぶべきことは、勤勉さだけではないはずだ。

とはいえ、それはこの本を読んだあとに、みなさんがそれぞれ考えてくれればいい。まずは、僕らの想像を軽く（ときに、斜め上から）超えてくるアリの生態をもっと知ってもらいたい。アリのことを好きになってもらいたい。

僕が愛してやまないアリの話をはじめようと思う。

アリ類の出現は1億5000万年前！

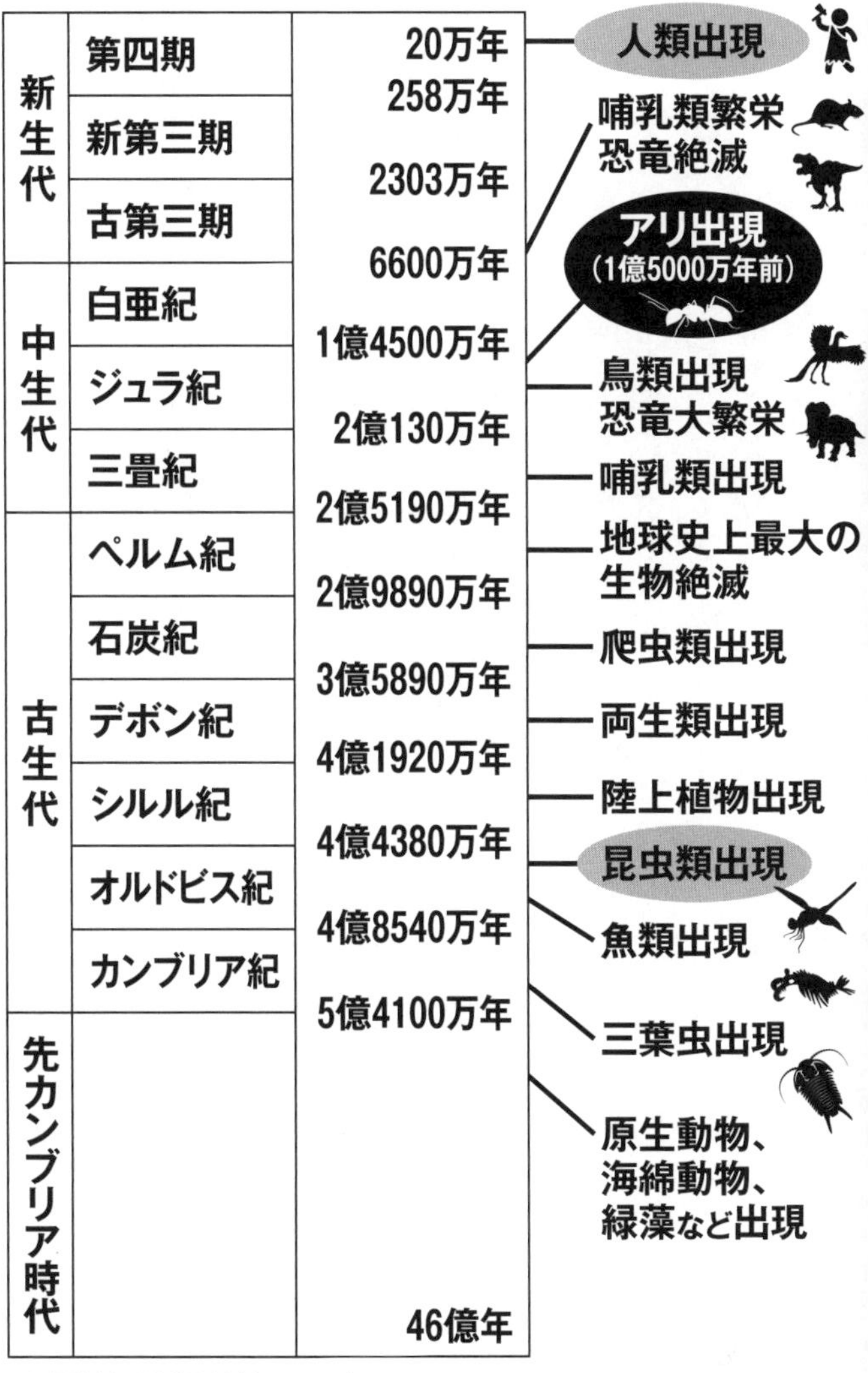

新生代	第四期	20万年 258万年
	新第三期	2303万年
	古第三期	6600万年
中生代	白亜紀	1億4500万年
	ジュラ紀	2億130万年
	三畳紀	2億5190万年
古生代	ペルム紀	2億9890万年
	石炭紀	3億5890万年
	デボン紀	4億1920万年
	シルル紀	4億4380万年
	オルドビス紀	4億8540万年
	カンブリア紀	5億4100万年
先カンブリア時代		46億年

人類出現

哺乳類繁栄
恐竜絶滅

アリ出現
（1億5000万年前）

鳥類出現
恐竜大繁栄

哺乳類出現

地球史上最大の
生物絶滅

爬虫類出現

両生類出現

陸上植物出現

昆虫類出現

魚類出現

三葉虫出現

原生動物、
海綿動物、
緑藻など出現

日本地質学会「国際年代層序表」（v2020／01）より

目次

第3章 おしゃべりするアリ

第4章 男はつらいよ…アリの繁殖

第5章 働きアリの法則は本当か…アリの労働……171

第6章　ヒアリを正しく恐れる……205

第1章　アリはすごい！

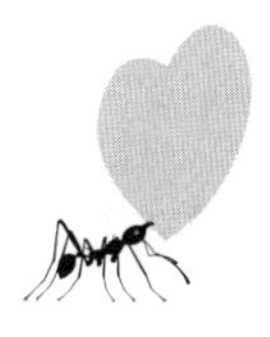

真社会性生物「アリ」に魅せられて

「どうして、生物の研究者に?」

「なぜ、アリだったのですか?」

ときおり、こうした質問を受けることがある。何か気の利いたことが言えればいいのだけれど、「好き」で「おもしろいから」というのが素直な答えになる。

小さい頃から動物や昆虫が好きだった。文字が読めるようになると、生物に関する本を好んでチョイスしていた。愛読書は『ファーブル昆虫記』。当時、テレビでも活躍されていたムツゴロウさん（畑正憲さん）の本はすべて読んだ（とくに、『ムツゴロウの無人島記』がお気に入りだ）。小学校6年生くらいのときには、すでに将来は生き物にかかわる方向に行くしかない、と決めていた。

とくに、夢中になったのが生き物の観察だ。『ファーブル昆虫記』でもトックリバチの巣作りの描写にものすごい魅力を感じた。住んでいた家の近くの団地の隅で、ドロバチの巣を発見したときは大喜びし、ファーブルになったつもりで毎日2時間も3時間も、土を運び巣作りするハチの様子を見続けて、親に心配されたものだ。

昆虫を採ってきて飼育もしていたし、もちろん、カブトムシやクワガタも好きだった。でも、僕にとって、カブトムシやクワガタの飼育のゴールは、死んでしまうまで飼うことではなかった。死ぬまででは寂し過ぎる。やはりペアを組んで、産卵し、それが幼虫、蛹（さなぎ）となって翌年再び地上に出てくる。ここまでが飼育の醍醐味（だいごみ）だったし、実際に夢中になった。標本にするという楽しみ方もあったけれど、死んでしまった昆虫を箱に入れておくのはかわいそうだったし、コレクションすることにも喜びは感じなかった。

やはり、自然の状態の生き物を見ているのが楽しい。なかでも、アリがいいのは水槽に入れて、うまくいけばずっと飼育できるところ。ゴールがずっと先にあるのだ。しかし、普通の子どもが地表を歩いている働きアリを集めて飼育ケースに入れ、巣がきちんと作れるほどアリの世界は甘くない。小学校低学年から毎年アリの飼育にチャレンジしていたが、ほとんどうまくいったためしがなく、アリの飼育とは難しいものだと早々に実感していた。

アリを本格的に飼育しはじめたのは大学4年生の春からだ。以来28年間、一度たりともアリの飼育が途絶えたことはない。いちばん長くコロニーを維持できたものは、現在も飼育しているとあるアリで7年目を過ぎている。また、働きアリだけになったコロニーでも、ちょうど7年生きたものがあり、働きアリが予想以上に長生きであることは実際に飼育することで確認している。

女王アリが卵を産み、「ワーカー」と呼ばれる働きアリが働き、家族がひとつになってコロニー（巣）を維持していく。こうしたアリの生態はほとんどの人が知っていると思う。この生態から、アリは「真社会性生物」に分類される。真社会性生物の定義は、①集団が子どもを協力して育て、子どもを産まない個体が存在すること。②繁殖だけを行う女王アリが存在すること。そして、③世代が重なること。アリのほか、ハチやシロアリ（シロアリはアリの仲間ではなく、むしろゴキブリに近い）、哺乳類ではハダカデバネズミとダマラランドデバネズミが真社会性生物だ。

人間はというと「亜社会性生物」に分類される。血のつながりのある家族がひとつの単位となって生活し、世代の重なりはない。人間はアリより進化していて複雑だと思うかもしれないが、社会進化の段階ではむしろ単純だ。アリの社会は人間より複雑で、かつ、極めて合理的に社会システムがデザインされている。

幼少期、どこまで認識していたのかは覚えていないけれど、ハチやアリの観察に知的好奇心が湧いた理由は、まさにこの「社会性」にあったのだと思う。

コロニーがひとつの生き物「超個体」

働きアリはすべてメスだということをご存じだろうか？　アリの社会はメスに偏った社会だ。オスアリが生まれてくるのは1年のうち、繁殖期だけ。「精子の運び屋」だけがオスアリに割り当てられた仕事で、交尾のための「結婚飛行」に飛び立ったらお役御免。運良く、交尾ができれば次世代に自分の遺伝子を残せるが、交尾できなかったとしてもそこでおしまい。地上に出てからは、数日から1週間、長くて2週間の生涯を終える。

一方、女王アリの役割は産卵だ。エサは働きアリから口移しでもらい、グルーミング（体の掃除）も働きアリにおまかせ。巣の奥で寿命が尽きるまでひたすら卵を産み続ける。

産まれた卵を舐めてきれいにしたり、幼虫や蛹の場所を変えたり、幼虫に食べ物を与えるなどの育児を担うのは働きアリ。そのほか、地表に出てエサ源を探し、エサを巣に運び込むのも、巣を大きくするのも働きアリの仕事だ。コロニーは実質、働きアリによって維持される。

また、働きアリが割り当てられる仕事は年齢によって決められている。たとえば、エサ探しや偵察など、巣から出る危険な仕事は老齢なアリが担当する。人間の感覚だと「お年寄りに過酷な仕事をさせてひどい!」と思うかもしれないが、別に老人虐待というわけではない。もし、若いアリが外に出て死んでしまったら、コロニー全体の労働力が損なわれてしまう。まもなく天寿をまっとうする、という個体が危険な仕事をしたほうが、コロニー全体のダメージを抑えられる。極めて合理的な戦略なのだ。

こうした1個体1個体が集まり、まるでひとつの生き物としてふるまう集団を生物学では「超個体」という。アリは1個体1個体が自分の思うままに動いていながら、結果として集団が最適に維持されるという、僕らが今後理想とするべき社会をすでに完成させているといえる。

この超個体を操るのは誰なのか? 普通に考えると女王アリをリーダーとしたピラミッド型の統治システムを思い浮かべるだろう。しかしながら、それはまちがっている。アリがどれほど自由で、かつ組織を合理的に運営しているのか、この本の隠された主題にもなるので、この先、じっくりと読んでほしい。

扉になったアリ

　アリの社会の仕事は効率よく分業されている。それだけではなく、担当する仕事によって形態を変えてしまうアリも珍しくはない。

　たとえば、「オオズアリ」。漢字に直すと「大頭蟻」。北海道から本州ではやや黄色がかったアズマオオズアリが、九州では色の黒いオオズアリがよく見られる。ちょっとした自然公園に行けば石の下や朽木（くちき）の中で簡単に見つかるので、巣の中を覗いてみてほしい。そこには奇妙に頭の大きな働きアリがいるはずだ。それこそがこれらのアリの名前の由来になった兵隊アリだ。頭の大きさは約1・2ミリ。3頭身の頭でっかちだ。兵隊アリたちは敵の攻撃から巣を防御する重要な役目を果たしている。

　しかし、小さい働きアリの中でなんだか場違いな感じでウロウロしている兵隊アリは、頼れる姉御（あねご）、にはとても見えなくて、眺めているとついついニヤついてしまう。ただし、ライバルの巣を近くに設置して飼育すると兵隊アリの比率が高くなるという研究もあることから、やはり戦闘時には役に立つ防衛家なのだ。

　さらにすごいのがいる。東南アジアに分布する「ヨコヅナアリ」の働きアリのサイズバリエーションは、約2ミリから1・5センチと幅広い。重量比で最小と最大の働きアリには550倍以上の差がある。とくに、兵隊アリの役割を担った働きアリは、なんと体の7割が頭だ。おなかよりも大きい頭をもち、咬(か)みつくときは頭突きをしているように見えてかわいい。いちばん小さな働きアリは、兵隊アリの頭にちょこなんと簡単に乗ってしまうくらいサイズが違う。これが同じお母さんから生まれてきたのだから驚きだ。

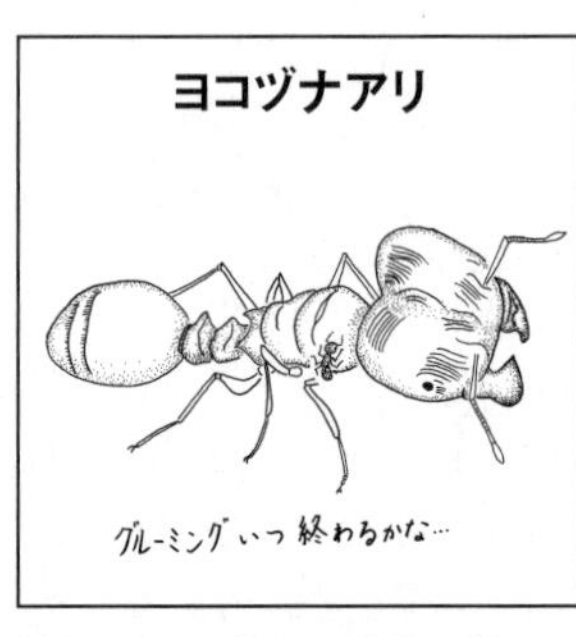

同じ女王アリから生まれた姉妹とは思えない体格差。グルーミングは終わるのだろうか？

ちょっと想像してみてほしい。自分の妹がザトウクジラくらいのサイズの世界を。そしてその妹が自分の家にいてちゃんと仲良く暮らしていけるということを。なんという多様性、なんという自由な世界だろうか！

南北アメリカに生息する「ナベブタアリ」はさらにもっとすごい。いちばんの特徴は平べったい頭。アリの触角は前方にくの字に長く伸びているのが普通だが、ナベブタアリの働きアリのそれは短く、横方向にツノのように生えているように見える。体も扁平ぎみのため、高いところから飛び降りて滑空をすることもできる。英名は「タートル・アント

ナベブタアリ

トントン 開けてくださいな

大型の働きアリの頭部は、巣の入り口にぴったりフィットする巣の扉として機能する

(turtle ant)」で、日本では「カメアリ」とも呼ばれる。

このナベブタアリの中に、頭にマンホールのような、お盆のような丸いものをつけている個体がいる。彼女たちはなんと巣の「扉役」。その頭で巣穴の入り口の扉になるのだ。

ナベブタアリは木の枝に巣を作る。アリの巣はだいたい、土の中、木（朽木）の中、葉っぱの中に作られる。種によって生息に適した場所を選んでいるわけだが、木の上は敵が多く、しかも巣穴が目立ってしまう。

そのとき、アリがとるべき戦略は、防御力を上げるか何かしらの方法で攻撃力を上げるかの二択だ。しかし、毒をもたないナベブタアリにとって、攻撃力アップは難しい。となれば、防衛力を高めていくしかない。扉役を立てて、頭で巣穴の入り口を閉じて、敵の侵入を防いでいるのだ。〝扉〟は測ったようにぴったりと巣穴にはまっていて、ところどころご丁寧にも地衣類（コケ植物）に見える模様までついている。外から見ると枝のフシのように見え、擬態の効果もある。

コロニーから扉役を取り除くと敵が侵入し放題で、巣がダメになるという研究結果が報告されている。持ち場から離れてしまったら開けっぱなしの無防備な状態になってしまうので、基本的に巣穴の入り口から離れられない。エサはほかのアリから口移しでもらう。ほかのアリが〝扉〟を開けてほしいときは、トントンと合図をする。その様子はかなりかわいい。しかし、一生、扉である。いくら防御力を上げるためとはいえ、「誰か扉になっちゃいなよ!」というのは、そうそう思いつくアイディアではない。

貯蔵庫になったアリ

また、「一生、貯蔵庫」というアリもいる。北アメリカやオーストラリアの乾燥地帯にいる「ミツツボアリ」だ。貯蔵庫役の働きアリは、巣の中で天井にぶらさがって仲間が集めてきた蜜をおなかに溜め込む。そして、食料や水分が不足する乾季に口移しに仲間に分け与えるのだ。厳しい環境下で生きていくため、女王アリや幼虫に安定的にエサをあげるためには、エサは採れるときに採って、備蓄しておく必要があったのだろう。超個体として考えると、コロニーにおける「脂肪細胞」といったところだろうか。

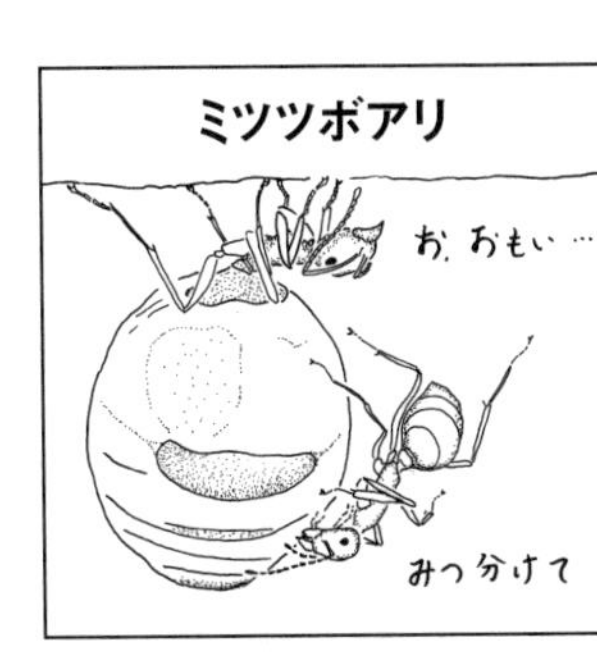

天井に大あごをひっかけてぶらさがり、パンパンになるまでおなかに蜜を溜める貯蜜ワーカー

コロニーの生命線であり、極めて重要な役割を担っているわけだが、蜜が溜まっていくとおなかはどんどんと膨れていき、自分では歩けないほどの重さになる。しかも、ずっと宙吊り。こうやって書くと何か自己犠牲的で救いのないような社会にも思えるが、実際にじいっとミツツボアリを観察していると、この貯蔵庫役の貯蜜ワーカーは、このコロニーの中のスーパーエリートなのではないかと思えてくる。なにせ、コロニーの命運を握っているのが彼女たちなのだ。女王アリもほかのワーカーたちも、貯蜜ワーカーには敬意をもって接しているように見える。

ちなみに、ミツツボアリはオーストラリアの先住民族アボリジニにとっては非常においしいおやつである。いつかこの貯蔵庫役のミツツボアリを食べるのが、僕の目標のひとつにもなっている。

一生、扉。一生、貯蔵庫。コロニーを維持するための進化だとしても、哺乳類や鳥ではさすがにこんなことはあり得ない。想像もつかない社会構造。どうして、そんなことができるのか？と素直に思うのではないだろうか。こんなことが、知れば知るほど出てくる。これが、アリのおもしろさなのだ。

アリの巣もいろいろ

アリは北極と南極以外、すべての大陸に生息していて、それぞれの環境に適応した結果、同じアリ科とは思えないほど、多様な形、生態に進化している。

たとえば、アリの好物。もともとは肉食起源で、いまでも狩りをして虫を捕まえて食べる肉食専門の種もいるが、何を栄養源としているかは種によっていろいろだ。いちばん多いのが雑食性のアリで、イメージどおり樹液や花の蜜などを集めて食べるほか、虫の死骸や幼虫などなんでもエサにする。

珍しいところでは、北海道ではたまに見つけられるが、本州では比較的稀（まれ）な「ヒメナガアリ」の種子食だ。植物のタネしか食べないと考えられている（それすら実証はされていない）。ヒメナガアリはシダ類の根っこが枯れて丸まったところやクルミの中に、小さな巣を作る。ヒメナガアリ自体が2ミリ程度と小さいのだが、巣も非常にコンパクトにできている。その巣をパカッと開けると、そこには小さな種子がぎっしりと並んでいる。その植物はどんな植物なのか、いまだにわかっていない。誰か一緒に解明しませんか？

巣作りにしても一様ではない。土の中に巣を作るアリがいれば、ナベブタアリのように木の枝の中に営巣するアリもいる。また、東南アジアやオーストラリアに生息する「ツムギアリ」（アフリカ中央部の近縁種は「ハタオリアリ」）はその名のとおり、葉っぱを紡い（つむ）で巣を作る。木に生えたままの葉っぱをくるんと器用に寄せ集め、丸めて、隙間を幼虫の出す糸で縫い合わせて巣を作るのだ。

これがどれだけとんでもない行動か、わかるだろうか？　幼虫は自分の繭（まゆ）を作るために口から出す糸を巣作りの材料に使われてしまうのだ。働きアリはそれぞれ、むんずと幼虫をくわえ、幼虫は糸吐きの道具になって、葉を紡ぎ合わせていく。幼虫は繭を作れなくならないのか？　ご心配なく。さすがにそこまで無慈悲ではない。ある程度糸を使ったら、幼虫は解放され、自分の体を守るための繭を作りはじめる。

巣の大きさも、どんぐりの中に巣を作り、それをひとつのコロニーとするアリもいれば、「エゾアカヤマアリ」のように数十キロ四方の巣を作るアリもいる。ちなみにどちらも北海道でよく見られる（見られた）アリである。エゾアカヤマアリに関しては、あとで詳細に紹介するのでお楽しみに。

放浪するグンタイアリ

　また、そもそも巣を作らないノマディック（放浪）な生活をするアリもいる。その代表格が昆虫図鑑の常連、昆虫好きの子どもたちが心躍らせる〝最強〟（異論は認める）の昆虫「グンタイアリ」だ。中南米原産で熱帯雨林の中に暮らすグンタイアリは、数十万個体以上の大きなコロニーを作るが、決まった巣をもたない。日中、黒く長い１本の河となって行軍し、食事どきには20～１００メートル四方に広がって、ありとあらゆる小型の生物を食べ尽くし、夜になると木の洞にビバークをする。

　２メートルくらいの黒い塊になって夜を過ごすのだが、ビバークしているグンタイアリのにおいがすごい。なんとも獣臭いのだ。とても昆虫の発するにおいとは思えない、どちらかというと中型哺乳類のにおいに近い。

　このビバークの中にはもちろん女王アリもいる。グンタイアリの女王アリなんて、そうそうお目にかかれるものではない。共同研究者と何度かこのビバークをすべて崩して女王アリを探したことがあるのだが、１メートルを超えるアリの塊（かたまり）にスコップを差し込むときのドキドキは普通の生活からはなかなか得られるものではない。

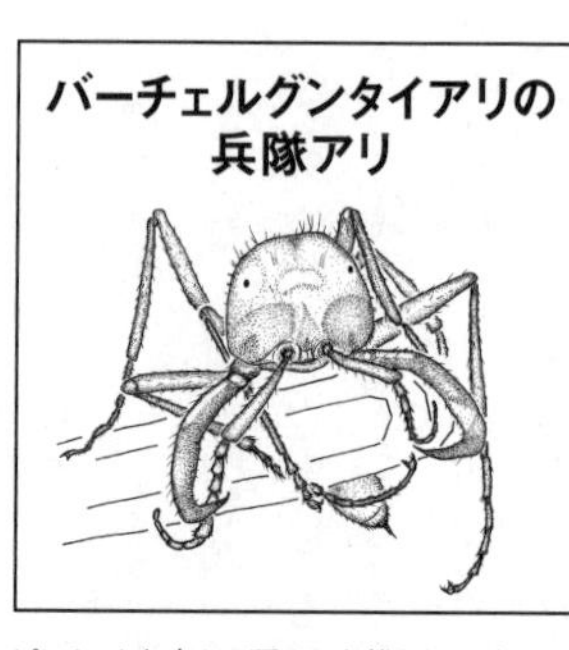

ピンセットを咬んで死んでも離さないバーチェルグンタイアリの兵隊アリ。執念ですな

もちろん、そのときは女王アリを見つけることができたのだが、それだけではなくさまざまな好蟻性昆虫（アリと共生する昆虫）もたくさんいて大興奮だった。

ビバークを崩すと刺されたり咬まれたり大変じゃないかって？　はい。大変なことになりますよ。なんといってもバーチェルグンタイアリの兵隊アリの大アゴは、その役割に応じて大鎌のように発達している。世界最長のクワガタ「ギラファノコギリクワガタ」のオスにも似ていて、かっこいい。かっこいいのではあるが、その白く膨らんだ頭部には大顎腺（おおあごせん）から分泌された毒液がたっぷりと貯蔵されているし、大アゴは一度咬みついたらなかなか離れない。ふと気がつくと服のあちこちに兵隊アリの頭部がぶらさがっている、ということにもなる。アリの調査も楽ではないのだ。

時速２３０キロの筋反射

南米原産の「アギトアリ」もかなりかっこいい。アリのイラストを描くとき、顔は逆三角、あるいは楕円形を描く人が多いと思う。でも、アギトアリの顔は細長い馬面でフェイスラインは凸凹としている。その口元には大きな鉤(かぎ)形のとても長い大アゴをもっている。この大アゴは１８０度開いて獲物を捕らえる。「アギト」にはアゴという意味がある。

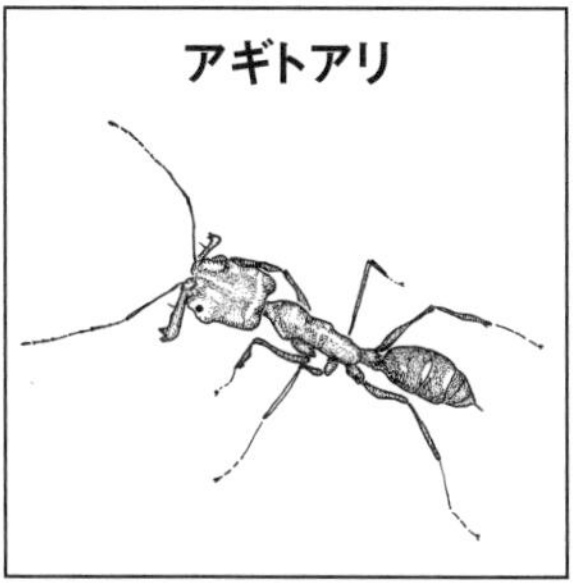

すごいのは、その大アゴが閉まるスピードだ。パチンと閉まるそのスピードは、地球上の生物の筋反射でナンバー２。時速２３０キロにもなるといわれている。

アギトアリ

馬面の凸凹頭部と180度開く大アゴが特徴。
大アゴから生える2本の極太感覚毛に注目!

長らく「世界一」の筋反射だったが、２０１８年にアギトアリよりさらに速いスピードでアゴを閉じるアリが発見されたため、世界第2位に陥落してしまった。とはいえ、時速２３０キロである。新幹線並みのスピードで、トビムシなど反応の速い動物を捕まえる。

トビムシは後ろ脚にフックのようなものがあり、何かが触れるとその刺激でフックが外れ、反動でびよーんと飛ぶ。触った瞬間に飛んでしまうので、僕ら人間がピンセットでトビムシをつかもうとしても、絶対にできない。しかし、アギトアリの大アゴは、トビムシのフックが外れる前に反応する。大アゴの内側に小さな感覚毛があり、この感覚毛の直径が15～20マイクロメートルと巨大なため、ものすごい速さでアゴを閉じることができるのだ。

逃げるときにも、このアゴを使う。「ちょっと厄介だな」と思う相手がいたら、硬い地面や石をそのアゴの力で弾いて、後ろに飛びすさる。そのとき、パチン！と音がする。逃げるときにもアゴを使うなんて、なんという賢さ。こうしたメカニズムを成立させるために、馬面の凸凹顔になったと考えられる。そこまで身体能力を磨き上げると、ハチやハエまで捕まえられるようになる。まさに宮本武蔵の境地である（飛んでいるハチやハエを捕まえているわけではないとは思うが）。

敵を道連れに自爆するアリ

アリの攻撃というと、大アゴで咬む、お尻の針で刺すというのが一般的だが、自らが

〝爆発〟するアリがいる。東南アジアに生息するサイズ３～４ミリほどの「ヒラズオオアリ」の仲間で、「ジバクアリ」「バクダンアリ」と呼ばれている。

ジバクアリの胸のところには毒腺があり、敵に襲われたり、巣に侵入者があったとき、その毒腺を急速に膨らませて割いて爆発させるのだ。爆発の瞬間は黄色がかった白い液体がプシュ！と吹き出す。人間もびっくりするほどのインパクトで、敵は驚いて逃げていく。もちろん、自分もそこで死ぬ。身を呈して、鳥などの外敵を巣から遠ざけるのだ。「もはや、これまで！」という意思があるのかどうかはわからない。もしかしたら、なんらかの刺激によって分泌腺が自動的に破裂するようになっているのかもしれない。

２０１８年に、さらに驚くべき新種のアリが見つかった。ボルネオやタイ、マレーシアに生息するジバクアリの近縁のヒラズオオアリの新種だ。このアリは自爆して追い払うだけではなく、口やおなかから黄色のネバネバした体液を出して、相手の動きを封じ込める。ネバネバにまとわりつかれたら、敵は自分でひきはがすことができず死ぬしかない。体液を吐き出したアリも一緒に、そこで命が尽きる。道連れの攻撃だ。

この新種のヒラズオオアリはナベブタアリに似て、口のところが蓋（ふた）のような構造になっている。扉役として働く働きアリもいれば、自爆して敵を殺すものもいるというなんとも自己犠牲精神に富んだ生物がアリなのだ。

このすさまじい、利他行動の進化。誰に命令されているでもなく、強制されるでもなく、そういう仕組みが進化してきたということをわれわれ人間は心の底から理解できるだろうか？　本当に「利他的である」というのはどういうことなのか。アリを見ていると考えさせられる。

「多女王性」と「単女王性」

知れば知るほど、アリはおもしろい。しかし、生物の道に進むと決めたときから「アリを研究するぞ！」と決意していたわけではない。大学の学部時代は「社会性の生き物をやりたい」とは思っていたが、鳥やサルやシカといった、いわば、動物生態学の王道に興味があった。まだ若かったから、大きくてかっこいいものに惹かれていたのだ。

研究室の先生に「鳥をやりたいです」と相談もしていた。すると、「鳥は難しいんだよ。アリはどうだい？」とすすめられ、そのときもまだ、「まぁ、それはちょっとわからないですけど」とお茶を濁していた。結局、鳥の研究をする先輩を手伝いながら、アリの研究をはじめることにした。

卒業論文のテーマに選んだのは「ナワヨツボシオオアリ」と「ヤマヨツボシオオアリ」だ。ともに、そんなに珍しい種ではなく、どちらかといえばどこにでもいる地味なアリだ。北のほうにいるヤマヨツボシオオアリは、ひとつの巣の中に女王アリが20〜30個体いる「多女王性」のアリだ。アリといえば、ひとつの巣に1個体の女王アリがいる、というイメージだと思うが、ひとつの巣に複数の女王アリがいる「多女王性」の種も珍しくはない。

一方、ヤマヨツボシオオアリより、少し南に生息するナワヨツボシオオアリは、ひとつの巣に女王アリが1個体の「単女王性」だ。

この2種は姉妹種で遺伝的にとても近いのだが、ナワヨツボシオオアリは、巣が異なると100％、どちらかが死ぬまでケンカをする。一方、ヤマヨツボシオオアリはもう少しあいまいで、巣が違っていても必ず攻撃するというわけではなく、なんとなく受け入れてしまうケースがある。極めて似た種なのに、なぜこうした差が出るのか？　それが卒論のテーマだった。

そこで、それぞれ、コロニーが違うとどのくらいケンカをするのかを、1個体1個体対戦させるという方法で実験を行うことにした。どちらの種がどの程度の強さでケンカをするのか、コロニーごとに分かれた飼育ケースから、アリを1匹ずつ取り出してはシャーレにのせ、どちらがどのくらい強いのか、その結果をひたすらメモしていく。それを300回ほど繰り返したのだ。

過酷な環境で強まる協力行動

1回目の実験を終えて、3か月間、それぞれ同じ巣、同じエサで飼育したあとに再び、同じように対戦させて観察を行った。するとやっぱり、ナワヨツボシオオアリは巣が違うとどちらかが死ぬまで戦い続ける。一方、ヤマヨツボシオオアリはさらに敵対性が下がるという結果が得られた。

アリは同じ巣の仲間かどうかをにおいで識別している。体表のにおい物質(体表炭化水素)の成分が違うと、仲間ではないと認識する。ネコが毛繕い(けづくろい)をするように、アリが自分の体を舐めたり、互いに舐め合っている姿を見たことはないだろうか。これは「グルーミング」と呼ばれる行為で、外から巣に帰ってきたとき微生物をもち込まないよう体を清潔に保つためと、もうひとつ、仲間同士で体表炭化水素の成分を交換・混合し合う目的がある。このグルーミングによって、同じ巣の仲間同士が同じにおいをまとうことができる。

アリがなぜ、巣の仲間を識別し、別の巣の個体を排除する必要があるのかというと、それはもちろん、単純に敵である別の巣のアリから幼虫や女王アリ、エサを守るためという防衛の意味もあるだろう。しかし、真社会性のアリは自分とほかの巣の個体とを厳密に区別しないといけない深い理由がある。それに関してはのちほどゆっくりと説明しよう。

ナワヨツボシオオアリは同じ巣の仲間を厳格に識別していて、他者の侵入を頑として許さない。一方、北のほうに生きるヤマヨツボシオオアリはそうした血縁を識別する能力がとてもゆるやかで、ある程度、似ていれば仲良くなれる。

極めて近しい遺伝情報をもつ2種のアリのこの違いから、遺伝的要因だけでなく、環境要因でも協力行動が変わるということを発見することができた。

多女王性は、エサがなくて巣を作る場所が限定されるなど、環境が厳しい場所で出現する。同じ巣の中で、別のオスと交尾をした女王アリも産卵するので、子ども同士の遺伝子の近さも変わる。つまり、においが変わるのだ。しかし、においは変わったとしても仲間として受け入れなくてはならない。必然として、識別能力を下げざるを得ない。そのぶん協力的になることで、多くの個体が生きられる。環境に合わせて、社会のかたちを変えているのだ。

日本では南に暮らすほうはエサも豊富だし、どこにでも巣を作ることができる。一国一城を守ればいいと、自分たちで完結できる。しかし、北に行くと限られた場所の限られた資源をみんなで分かち合わなくては生きていけない。多少、においが違って、遺伝構成が違っていても、協力しながらみんなでがんばっていこう！　なんと、けなげで柔軟で、頭がいいのか。少ないものを奪い合うのではなく、厳しい状況だからこそ協力行動をする。この発見は、アリのおもしろさを僕に強く再確認させてくれた。

蟻酸酔いと3000回のバトル実験

しかし、実験は大変だった。さきほど、対戦3000回とさらりと書いたが、少しは「え？」と思ってくれただろうか。

3000回もやるとなると、実験に使うアリの採集だって簡単ではない。アリを集めるときは吸虫管（きゅうちゅうかん）という道具を使う。吸虫管は小型の昆虫を採集するために欠かせない道具だ。人間の赤ちゃんの鼻水やたんを吸い取る吸引器をイメージしてもらえれば、ほぼまちがい

一日中アリを集めるために吸虫管でアリを吸う。いちばん多いときは一日で数千個体吸う

ない（P105写真参照）。アリを入れるケースから2本のチューブが出ていて、1本を巣につっ込み、もう1本に口をつけ吸い込む力でアリを集める。

　実験に使うアリたちはなるべく巣を丸ごと採集するほうが望ましい。女王アリを採り損ねたり、極端に働きアリの数が少なかったりすると、実験結果の偏りを否定できなくなる。そのため、丁寧に採集しながら、あちらこちらと場所を変えて集めていった。

　ナワヨツボシオオアリもヤマヨツボシオオアリも木の枝や朽木に巣を作る。巣のある枝や朽木を見つけてはパカッと割って、吸虫管で働きアリをスッスッと吸っていくのだが……集めるべき働きアリの数は2000個体超。

　吸虫管を使えばアリは口の中には入ってこないが、ヤマヨツボシオオアリとナワヨツボシオオアリはともに蟻酸（ぎさん）を出す種である。アリを吸い込む際、蟻酸も一緒に口の中に入ってきてしまい、蟻酸酔いをしてしまうのだ。

ヨーロッパ北部に生息する通称「森のアリ（wood ants）」、「ヨーロッパアカヤマアリ」は鳥に襲われたとき数百個体が一斉にお尻をつきあげ蟻酸を発射する。蟻酸はアリが攻撃に使う毒液なのだ。

1匹1匹のアリが出す蟻酸はごく少量でも、1000回、2000回、スッスッと吸っていくと、酸味のある微細な液体が煙のように入ってきて、軽く意識が朦朧（もうろう）としてフラフラしてくる。

こうした蟻酸酔いと戦いながら集めたアリを、実験室の飼育ケースで飼い、対戦のときに各コロニーからシャーレに1匹ずつ入れて、実体顕微鏡（対象を自然な状態で観察できる）の下でバトルさせること3000回。温度や時間などの条件を揃えるのは実験の鉄則だ。また、アリのバトルを評価するためには国際的に共通の基準で記録していかないといけない。これがなかなか難しい。研究者によってちょっとずつ基準が違うため、論文をたくさん読んで（アリをバトルさせる論文がたくさん出版されているのです）、基準を定めた。

ナワヨツボシオオアリは簡単だ。コロニーが違えば、死ぬほどのケンカになる（レベル4）。死ぬまで戦わせたら大変なので、ある程度（30秒もしない）取っ組み合わせたら引き離して巣に戻す。この実験はかなり簡単に終わる。

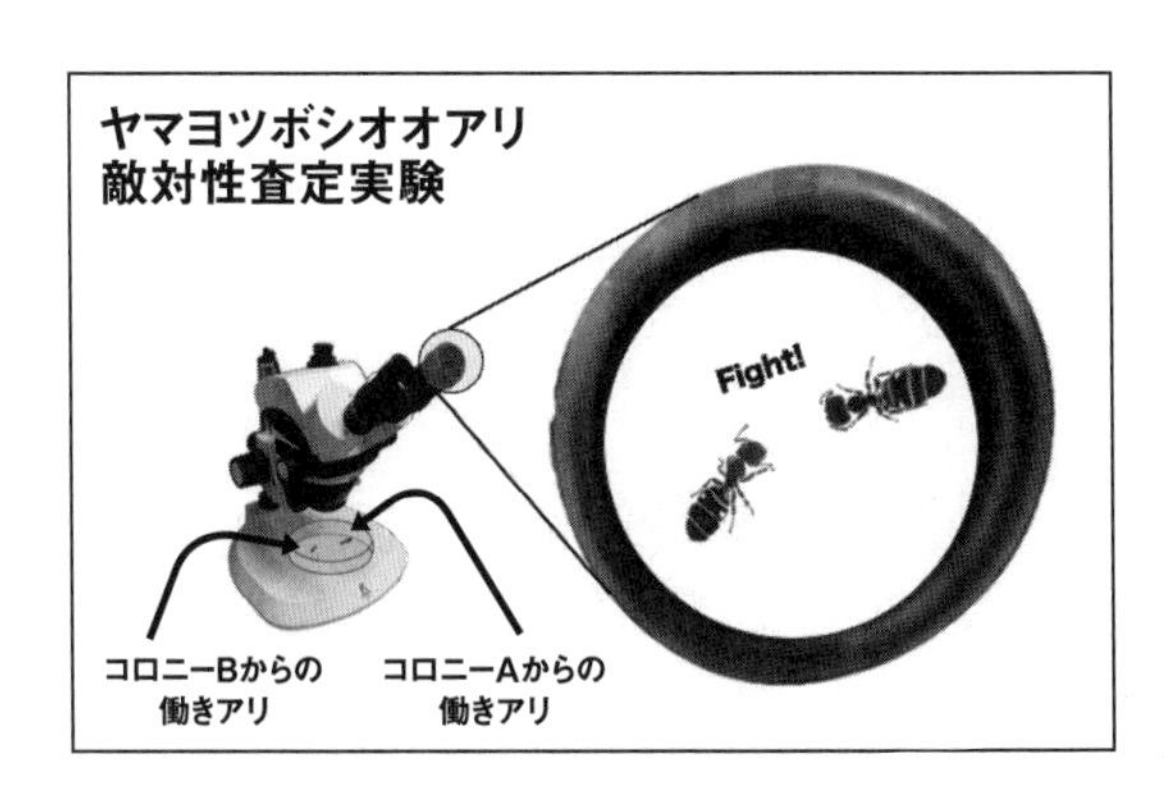

一方、ヤマヨツボシオオアリが大変だった。なにしろ行動が曖昧（あいまい）なのだ。死にいたるほどの攻撃行動（レベル4）はいいとして、咬んだ途端に離れてしまったり（レベル3）、蟻酸をかけるふりをして逃げ出したり（レベル2）。別の巣なのに触角でパタパタパタパタ……、いつまで探り合ってるのだ！というほどの探索行動（レベル1）も頻繁に見られた。挙げ句の果てには、友達同士みたいにグルーミング（レベル0）をはじめるやつまで現れる。

当然、時間がかかる。朝から晩まで、ひとりで研究室にこもること一年。当時は必死だったが、外から見たらずいぶんとおかしなことをしているように映っていたと思う。

アリの研究はブルーオーシャン!

じつはこのとき、鳥の調査のお手伝いも同時に行っていた。研究テーマは「繁殖成功と冬季の栄養状態」で、調査対象は日本では一般的な留鳥(りゅうちょう)(季節的な移動をしない鳥)の「セグロセキレイ」。その方法は川の一方の岸にエサを人為的にまき、翌年の産卵数を調査するというもので、研究室でひとり顕微鏡を覗き続けるアリの実験とは対象的にものすごく大掛かりなものだった。

ある川を研究対象地に選び、個体標識のためのバンディング(記号や番号をつけた標識を脚につける)の許可申請をして、まずは、観察する個体を捕獲する。ワナを仕掛けセグロセキレイを捕まえてバンディングをするのだが、せっかく個体標識したのに飛んで逃げてしまうこともある。川の両サイドで15つがい程度個体標識できたら、しばらく行動観察だ。

観察は朝5時くらいからスタート。春になって産卵の季節になると川を離れて近くの農地や草地に移動するため、飛び立つのを見たら急いで追いかける。相手は鳥、もちろん見失ってしまうケースもある。ロマンだ。でも、すごい労力だ。

そして、この研究では、「冬季のエサ資源が増えると次の春の繁殖成功度は高くなったと示唆（しさ）された」という結果が得られた。基礎研究としては十分な成果である。確かにそうなのだけれど、正直なところあれだけ大変な思いをしたのに……と若干思ってしまったことをここに告白します。なので、いまでも鳥や哺乳類の研究者には憧れと尊敬の念が強い。

一方でアリは、見れば見るほど、実験すればするほど、容易に想像の範疇（はんちゅう）を超えてくる。アリの研究は確かに地味で大変だけれど、驚きは大きい。アリの研究は進んでいるようで、まだまだ未解明な部分も多く、新しい発見が期待できる。

研究者にとって新たな発見は喜びだし、研究結果に対して、みんなに「そんなの知らなかった！」と言ってもらえることも大きなインセンティブとなる。３０００回対戦させて、「当たり前でしょ」と言われたらせつないが、アリはやればやるだけ発見がありそうだ。研究領域としてはブルーオーシャンである。

将来については、大学3年生くらいまでは国立公園の自然保護官になろうと思っていた。人の世界を離れて国立公園の森林や離島で自然に囲まれて調査三昧の生活。なんと素晴らしい。しかし、よくよく調べてみると、30歳くらいになると本省（東京にある環境省の本部など大都市にあるオフィス）に呼び戻されてデスクワークになるという。いやいや、それでは意味がない。死ぬまでフィールドに出ていたい。となると、やはり、4年生になってから深くかかわるようになった研究室にいる先生方の生き方が理想だと思った。

21歳、大学4年生のときに、アリの世界へ足を踏み入れることに決めた。思い描いていたのは山の中でキャンプをしながらシカやクマを追うようなワイルドな研究者だったが、地べたを這(は)いつくばるほうを選んだのだ。

コラム1 師匠・東正剛先生のこと

「ビビッ」と啓示を受け東研究室へ

北海道大学大学院では、東正剛（ひがしせいごう）研究室に入った。現在、北海道大学名誉教授の東先生は、当時すでに動物生態学、アリの研究者としてとても有名で、大学4年生、アリの研究をはじめて1年弱の僕も、そのお名前は知っていた。でも、最初から「東先生のもとで学びたい！」という熱い思いで師事したわけではない。大学4年の1月末、大学の廊下の掲示板に東研究室の大学院生緊急募集の告知が貼り出されていた。ずいぶんと急でギリギリの募集だ。それをたまたま見かけたのだ。

じつはすでに別の大学院に行くことが決まっていたのだけれど、その貼り紙を見たときに、ビビッと何かの啓示を受け取ったような気がしたのだ。「ここに行け、世界は開かれるであろう」と。そして僕は、1993年4月、東研究室の第1期生となった。

東先生がどんな方かを説明すると、風貌は西郷隆盛というか、いまはなきイラクの暴君ことサダム・フセインというか。日本人離れしていて、パナマに行こうがオーストラリアに行こうが、アフリカに行こうが、どこでもほぼ現地の人にまちがえられる。逆に成田空港では日本人に見られなくて、外国人レーンに並ばされることもあるという。

先生とのエピソードはたくさんあるのだが、正直、文字にできることが限られるかもしれない。比較的、穏やかなエピソードに、東先生はものすごく髪の毛が硬く、理髪店で散髪するとき、普通のハサミで切ると刃こぼれしてしまうほどの剛毛だということがある。

あるとき、「村上〜、おれ、一日中足の裏痛かったんだよ!」と言うので、「どうしたんですか?」と聞くと、「まつ毛が足の裏に刺さってた!」と。まつ毛が足の裏の皮膚を貫通するくらい硬いのだ。

エゾアカヤマアリのスーパーコロニーと東先生

外見と人柄はかなり豪快だが、研究に対してはとても粘り強く、膨大なデータを集めながらもキメ細やかである。

東先生の名が研究者として知れ渡ったのは、先生が学生のときから観察を続けてきた北海道の石狩浜にある「エゾアカヤマアリ」のスーパーコロニーの研究だ。

エゾアカヤマアリとはその名のとおり赤い色をしたヤマアリで北海道に多く生息する。本州では中部より北のエリアで比較的標高の高い場所に見られる。体の大きさは4・7〜7ミリ。巣は枯れ草を盛り上げてアリ塚を作り、大きいものでは直径1メートル近いものもある。このエゾアカヤマリは一時期世界でいちばん大きな生物集団として1990年刊の『The Ants』でも取り上げられていた。これを解明したのが、誰あろう東正剛、その人なのである。

東先生は札幌近郊に広がる石狩浜に狙いを定め、大学院生1年の頃から通い詰めた。まだ若かった東青年はくる日もくる日もスコップを振り続け、穴を掘り続け、出てくるエゾアカヤマアリを採集しては敵対性を計測し、どこまでがひとつの巣かを調べ上げていった。その数、5年間でなんと9000巣。50メートルおきに採集したので個体群全体の推定値は4万5000巣！　当然、石狩浜では話題になっていたらしい。近く開発工事が入るというが、何か若い衆がずっとひとりで作業をやっていると。しかしながら、それは工事の人ではなく東青年であったのだ。

そして、その4万5000巣には、女王アリが108万個体、働きアリは驚きの3億600万個体！　10キロ四方がエゾアカヤマアリのスーパーコロニーで占領されていたことをつきとめたのだ。まさにスーパーだ。

この貴重な石狩浜のエゾアカヤマアリのスーパーコロニーは、残念なことに開発によって分断され小さくなり、現在では見つけるのにちょっとしたコツがいるアリになってしまっている。世界最大の生物集団発見から50年あまりで貴重な生息地が消失してしまった。師匠の世界的業績がないがしろにされたうえに、保全的にも生態学的にも非常に残念なことである。

2002年に発表された論文で、エゾアカヤマアリのスーパーコロニーを超える生物集団が発見されたことがわかった。侵略的外来生物の「アルゼンチンアリ」である。その論文によれば、南米から南欧に侵入したアルゼンチンアリはスペイン－ポルトガル－イタリアの海岸線約６０００キロに拡大し、その端と端の働きアリを出会わせても、敵対行動は観察されなかったという。人為的移入なのでなんともいえないが、師匠のデータが超えられてしまい、これもまた少し残念な気がしたものだ。

第2章　農業をするアリ

キノコを育てるアリ

アリの中には「農業」をするアリがいる。人間以外の生物が農業？　アリが⁉　と思うかもしれないが、本当の話。しかも、人間の農業の歴史はたかだか1万年だけれど、農業をするアリの起源は数千万年前にまでさかのぼる。地球上の環境に適応しながら、農業を営むことも進化させてきた。農業においてもアリのほうが大先輩なのだ。

農業をするアリが育てるのはキノコだ。巣の中に畑を作り、そこで育てた菌類を女王や幼虫のエサとする。こうしたアリを「キノコアリ」「菌食アリ」という。

キノコアリは17属約250種あまりいて、その社会形態もいろいろだ。起源に近い（俗にいう原始的な）グループはひとつの巣に働きアリが30個体～50個体と小さく、体の大きさもすべて同じ。労働の分業は年齢によって分かれる。女王アリと働きアリの体の大きさもそこまで違わず、単純な社会である。彼女たちは朽木（くちき）や石の下にできた空間に巣を作り小さなキノコ畑を作る。

一方で、数百万個体を抱える巨大なコロニーを作り、1・5センチを超える大型の働きアリから2ミリしかない小型の働きアリまで多様で複雑な集団となるグループもある。それらのグループの女王アリは巨大（2・5センチ〜3・5センチ）で最長20年ほども生きるが、働きアリは３か月ほどしか生きられない。

働きアリの労働分業は年齢ではなく、体のサイズで決まっている。これはつまり生まれたときからやるべき仕事が割り振られていて、死ぬまで仕事が変わらないことを意味している。これらのアリたちは分岐年代としてはあとから出てきた（俗にいう進化した）グループである。

キノコアリ２５０種あまりの中には、小さく単純な社会から中程度の複雑さの社会、そしてアリ全体の中でももっとも大きく複雑な社会を作る種まで、さまざまな社会構造をもったものがグラデーションで揃っていて、生態自体のおもしろさに加え、進化を研究するにもうってつけなのだ。

「ハキリアリ」と神話

キノコアリの中でももっとも複雑で大きな社会を進化させているのが、「ハキリアリ」だ。

キノコアリの中だけでなく、アリの仲間全体でももっとも複雑で巨大な社会を作りあげて

ハキリアリの行進

数百メートルもの長さになることもあるハキリアリの行進。運んだ葉っぱは巣の中でさらに細かくし、キノコの菌を植えつけて栽培する

いる。

切り取った大きな葉っぱを帆船の帆のように立てて、数百メートルにわたって緑の行列を作りながら巣へと運ぶ。その姿をテレビや図鑑で見たことがある人も多いだろう。

ハキリアリはアマゾンを中心とした新熱帯域から北はアメリカ合衆国のテキサスやフロリダ、南はアルゼンチンのブエノスアイレス付近まで広く生息する。葉を切って森から運び出すという目立つ習性のため、古くから現地の人々はこのアリを愛していた。

2000年にスペイン語でまとめられたラテンアメリカの神話集『Los Viejos Abuelos』の中にこんなお話がある。

第五の太陽神の時代。人々の生活は荒廃し、飢饉に苦しんでいた。見かねた太陽神は農業の神ケツァルコアトルを呼びつけこう命令した。

「地上の人間たちを救ってきてくれ」

ケツァルコアトルは地上に降り、熱心に研究を重ねた。そのとき、何やら大きなタネを運ぶ赤いアリを発見した。ケツァルコアトルはアリに尋ねた。

「赤いアリよ、そのタネはどこから運んできたのだ？」

アリは答えてはくれなかった。しかし、ケツァルコアトルは何日も何日もアリに問いかけ続け、ようやくアリは教えてくれた。

「生命の山だ」

ケツァルコアトルは黒いアリに変身し、赤いアリの行列に紛れ込み、ついに生命の山にたどり着いた。そして、豊かな実りをもたらす植物を発見した。

それこそが、ラテンアメリカの食文化を支え、現在では全世界の基本穀物になっているトウモロコシの原種だった――。

第五の太陽神の時代は約５０００年前と推測する研究者もおり、これもトウモロコシの起源とほぼ一致している（トウモロコシの起源についてはさまざまな伝説があり、このアリの伝説もそのひとつである）。このアリがハキリアリなのか、それともシュウカクアリなのかははっきりしない。どちらのアリもタネを運ぶことがあり可能性はある。また、どちらのアリも原産地に生息している。いずれにせよ、5000年も前の人々がアリを研究することで農業を発展させたかもしれないというのは、現代にも通じる話ではないだろうか。

もう少し時代が進むと、明らかにハキリアリだとわかる記述が神話に出てくる。マヤ文明の神話集『Popol Vuh』だ。

神であるイシュバランケーは、球遊びをするために少年と遊技場を訪れ、そこが花で埋め尽くされていることに感動する。そして、もう一度球遊びする際にも花で埋め尽くしておくよう少年に指示をした。少年は神の要望に沿うために、ハキリアリたちの力を借りることにした。

少年「ハキリアリよ、おいで！　イシュバランケーのために花を集めに行っておくれ」

ハキリアリ「わかりました」

それからハキリアリたちは1つの死と7つの死の庭へと花を集めに行き、遊技場はたった一晩で美しい花々に覆（おお）い尽くされた――。

なんとも美しいお話だ。この2つの神話に共通するのは、中南米の人々がハキリアリときちんと共存している姿である。

一方でヨーロッパから中南米に侵略者としてきたスペイン人たちもまた、このアリのことを記録している。僕の大学院時代の〝経典〟であるニール・ウェーバー著『Gardening Ants, the Attines』（1972年刊）にはこんな記述もある。

「中米のガイアナを訪問した探検家ロベルト・ヘルマン・ショムブルグは、『この国の農作物はハキリアリによって完全にダメにされている』としるしている」

後述するが、近代的な農業が発展すればするほど、ハキリアリは農作物を優先的に刈り取るようになった。われわれも恩恵に浴している西洋文明の浅はかさにはため息しか出ない。

日本人唯一のキノコアリ研究者

きちんとした本として初めて西洋人がハキリアリを記述したのは、1863年刊行の『アマゾン河の博物学者』（日本語版1990年刊／翻訳：長沢純夫／思索社）だ。著者はイギリス人の博物学者で探検家のヘンリー・ウォルター・ベイツ。その中で、彼はハキリアリが葉を刈り集めている様を記述し、これは地下にいる幼虫たちを守るための要塞として葉を集めているに違いないとした。

ちなみにこのベイツさんは「ベイツ擬態」を発見した人だ。ベイツ擬態とは、たとえば有毒なチョウがいる地域で、毒をもっていないまったく別種のチョウやガの色や形、模様が有毒のチョウに似てくる現象をさす。〝有毒っぽく〟見えると食べられにくくなるために行われる擬態で、有毒の生物同士の色や形、模様が似てきて、より捕食者に対して強力なメッセージになることは「ミューラー擬態」という。

また、アリの巣に菌類が育っていることを発見したのはイギリス人地理学者で博物学者でもあるトマス・ベルト。彼は1874年の『ニカラグアの博物学者』（日本語版1993年刊／翻訳：長沢純夫・大曽根静香／平凡社）の中で、ハキリアリの巣の中にキノコ畑があることを発見している。

その後、直接観察してこのキノコをアリが食料として利用しているのを確認したのはドイツ人生物学者のアルフレッド・メラーだ。彼は1893年にキノコの菌糸を働きアリが集めて食べる行動を記載している。

当初は、育てたキノコは幼虫だけでなく成虫のエサにもなっていると考えられていた。しかし、のちの研究で、成熟したコロニーの働きアリはほとんどキノコを食べず、キノコはおもに幼虫のエサになることがわかっている。

ちなみに、長い日本の歴史の中で日本人として、ハキリアリからより起源に近いキノコアリまで総合的に調査・研究をして複数の論文を書いているのは、この僕、村上貴弘ただひとりである。自慢に聞こえるかもしれないが、そうではない。２０１３年の調査でパナマに行ったとき、現地のコーディネーターをされていた川鍋盛一郎さんという方に「村上さんはなんで日本にいないアリの研究なんてしてるんですか？　ここまで来るの大変でしょう？」と心底呆（あき）れられて初めて、研究対象としてこれらのアリを選ぶことがそんなに大変で変なことなんだ！と気づいた。頭のいい人は、調査地まで片道25時間もかかるようなところのアリを研究対象にはそうそう選ばないですよね。

『ライオン・キング』とハキリアリ

そういえば、ディズニー映画『ライオン・キング』には、アニメ版にもＣＧ版にもハキリアリが登場する。主題歌「サークル・オブ・ライフ」が流れるなか、アフリカの壮大さを印象づけるオープニング映像にハキリアリの行軍が出てくる。また、物語の中盤、主人公のシンバが生きていることを王国の長老（ヒヒ）に知らせるきっかけとなる重要な役割を担っているのがハキリアリだ（シンバの毛をハキリアリが運ぶ）。

でも、ハキリアリはアフリカにはいない。家族と一緒に『ライオン・キング』のビデオを見ていると、毎度毎度「アフリカにはハキリアリいないから」「ここはアフリカじゃないんじゃないか？」と心の声が外にもれてしまい、家族の不評を買う。

しかしながら、天下のディズニーともあろう会社が、このような無責任なことではやはりいけないと思う。アフリカにはハキリアリはいないし、中南米にライオンはいない。もし共存させたければ、まったく別の設定をもち込んでくれないと、とにかくムズムズして話がスッと腑に落ちなくなってしまうのだ。猛省を促したい。

こうしたことはときどきあって、名作絵本『はらぺこあおむし』も僕は穏やかな心で読みきることができない。物語のラスト、あおむしが美しいチョウになる感動的なシーン。見開きいっぱいに描かれた鮮やかなチョウに、ムズムズするのだ。

チョウの翅は左右2枚ずつからなる。上の翅を前翅、下の翅を後翅という。前翅は後翅よりも大きい。チョウの特徴というよりも飛ぶための物理的な構造だ。が、『はらぺこあおむし』で描かれるチョウの翅は、後翅のほうが明らかに大きい。これでは、決して飛び立つことができない。

絵本だし、デフォルメしているのだとも思う。けっして、『はらぺこあおむし』を批判したいわけではない。素晴らしい絵本だし、子どもが幼い頃は何度も読み聞かせをした。しかし、読み終わったあといつも、ぼそっと「……このチョウの翅の形は違うんだけどね」と誰に聞かせるでもなくつぶやいてしまうのだ。

こういうことがままあり、パートナーから「もう、そんな細かいこと気にする人、世界中であなただけだから。お願いだから、静かに見てね」と言われている。彼女の気持ちもよくわかる。が、これは一種の職業病だから許してほしい。

「パナマへ行くぞ！」

話がそれてしまった。ハキリアリは地中に巣を作る。それはこんもりと盛り上がってときには小さな丘のようになり、数百万個体が暮らしている。その巨大な集団を維持するために、驚くほど複雑にその社会を進化させた。

僕がこのハキリアリをはじめとしたキノコアリの研究をはじめてから、27年になる。大学院時代の1993年、当時の師匠である東正剛先生の「パナマへ行くぞ！」のひと言がすべてのはじまりだった。

パナマ共和国は南北アメリカ大陸を結ぶもっとも細くなった場所、パナマ地峡に位置し、西北をコスタリカ、南東をコロンビアに接する中米の小さな国だ。北海道より少し小さいくらいの広さで、細長い国土の真ん中をカリブ海と太平洋を結ぶパナマ運河が貫いている。このパナマ運河の構造はとてもユニークで、カリブ海と太平洋をただ結んでできた海水路ではなく、中ほどにあるガトゥン湖という人工湖の淡水を両側の海へと流出させている。

そのガトゥン湖に浮かぶ「バロ・コロラド島」が、目指すフィールドだ。直径4キロ、面積16平方キロメートルほどのこの小さな島は「Barro Colorado Natural Monument」として、スミソニアン熱帯研究所が管理する自然保護地域に指定されている。

熱帯雨林に覆われ、多種多様な昆虫（ユカタンビワハゴロモやエレファスゾウカブト、葉に擬態したカマキリやアリを背負ったようなコブのあるツノゼミ、エメラルドグリーンに光るかっこいいツノのある糞虫（ふんちゅう）、巨大なクチキゴキブリなどなど）、鳥類（ツーカン、ハチドリ、色鮮やかなミツドリの仲間、オオホウカンチョウ、グンタイアリについていくアリドリなどなど）、キタコアリクイやミツユビナマケモノ、クモザル、ホエザル、イノシシのペッカリー、アナグマのコアティ、大きなネズミのアグーチといった哺乳類がたくさん生息している（これらの生物は全部見たことがある。うらやましいでしょう！）。

島にはスミソニアン熱帯研究所関係者か研究者しか入れず、もちろん事前の申請が必要で、島に渡るにはパナマ市郊外、バルボアのアンコンヒルにあるスミソニアン熱帯研究所の本部施設で身分証明書を発行してもらわなくてはならない。

島へはパナマ運河の河畔にあるガンボアという村から小型船で渡る。島の北東の一角に研究用の施設や宿泊棟などが建てられていて、世界中から研究者や学生が集まってくる。若者にとっては著名な研究者や国際的な若手研究者・学生たちと毎日顔を合わせて議論でき、５分も歩けば豊かなフィールドが広がっている、まさに天国みたいな場所である。

僕が初めて行った１９９３年頃はスミソニアン協会の財政状況が悪く、宿泊棟などは掘っ立て小屋のような施設がまだあった。しかしその後、アメリカのキッチン用品メーカー「タッパーウェア」の創業者であるタッパー氏が亡くなったとき、巨額の寄付をしてくれ、いまではピカピカの近代的な建物に生まれ変わっている。

島にはコックさんが通いで来てくれて、朝昼晩、食事の心配は一切なく、学生は特別価格で滞在できる。重ねて書くが、ここを天国といわずしてどこを天国というのか！　日本の若者もぜひとも長期滞在して、いろいろな生物の研究に邁進（まいしん）してもらいたい場所である。

ムカシキノコアリとの運命の出会い

「パナマってパナマ運河のあるところですか？」という状態で訪れたものの、熱帯の森は最高に楽しかった。いたるところに子どもの頃に図鑑で見た憧れのアリたちがわんさかいるのだ。ハキリアリやグンタイアリ、パラポネラにアギトアリ、ハシリハリアリ……。

幼い頃から図鑑に穴があくほど見てきたアリとの遭遇に心躍るが、修士論文のための調査という重要な目的があり、与えられた時間は2か月ちょっと、約65日しかなかった。

日本で先輩から情報を仕入れ、東先生とも議論し、大きな方向性としてはハキリアリかグンタイアリ、もしくはハリアリの仲間で社会構造のおもしろそうなものを見つけていこうと考えていた。まずは、やりやすいところから調査しようということで、コロニーサイズが小さく、飼育しながらも行動観察がしやすい朽木に巣を作るアリをターゲットにすることにした。

最初の数日間は時差調整も兼ねて熱帯雨林の中をグルグルと歩き回った。いくら周囲が4キロしかない小さな島とはいえ、やはり35℃の猛暑の中、時差ボケの体で坂道を歩くのはしんどい。しかも、よさそうな石があれば持ち上げてめくり、朽木や枝を見つけてはしゃがんで割って中を確認しながらである。坂を登ったり降りたりしながら、スクワットを数百回もするようなものである。いちばんいい調査地である標高１００メートルほどの小山の頂上まで、２・５キロほどの距離なのだが1時間近くかかってしまう（2か月もして、慣れてくると同じ道を20分もかからず行けるようになる）。

調査開始2日目、よさそうな朽木を割ってみると黄色いツブツブがびっしり詰まった変なアリのコロニーを見つけた。体長２・５ミリほどの小さな黄色いアリだった。

宿舎に戻り、吸虫管（きゅうちゅうかん）で集めて、実体顕微鏡下で調べてみると、それは「サイフォミルメックス・リモウサス（*Cyphomyrmex rimosus*）」というキノコアリだった。和名はハナビロキノコアリだが、僕たちは「ムカシキノコアリ」と呼んでいる。

１９９１年にピュリッツァー賞を受賞した名著『The Ants』（ヘルドブラー&ウィルソン）によれば、このアリはキノコアリの中でももっとも起源種に近いという。これは何かの運命だ。最初に見つけたアリがムカシキノコアリなら、キノコアリの調査をテーマに据えようと決断した。

このアリはキノコアリがなぜ、菌を食べるようになったのかという進化を明らかにするうえで、極めて重要となる。それまでいくつかの観察報告はあったが、彼女たちがキノコ畑をどう作っているのかの詳細な観察はされていない。そこで、時差調整がすんだあたりから、午前中は熱帯雨林内を本格的に歩き回り、このアリのコロニーを採集して、午後は朽木を割ってはアリを人工巣に移していく作業をはじめた。

しかし、初めての海外調査で大事な調査道具を忘れた！　人工巣を作るのに欠かせない石膏（せっこう）を持ってこなかったのだ。早く観察をしたかったのでパナマ市内まで石膏を買いに行くのもためらわれた（だいたい、パナマ市内に石膏なんて売っているのか？）。そこで、島をウロウロして、実験棟を建設している作業員のおじさんからセメントを分けてもらってことなきを得た。こうして、午後はずっと観察、という生活がはじまった。

観察しているだけで、いろいろなことがわかってくる。

・菌園は、ほかのキノコアリに見られるような菌の塊（かたまり）は見あたらず、巣の中心部にチーズのかけらのような粒が並べられていて、その上に菌が育っている

・コロニーには女王が1個体で基本的には「単女王性」（例外もある）
・思いのほかグルーミングの回数が多い
・人工巣で飼育すると女王と幼虫は巣の中心部に陣取り、働きアリがその周辺を固めている
・やたらと吐き戻し行動が見られる
・幼虫や蛹（さなぎ）の体表にも菌が生えている

1種50時間観察

では、こうした菌園はどのようにして作られるのか？　アリの行動をさらに詳しく観察するため、師匠からアドバイスされたのは、詳細にアリの行動をリスト化し、その後マーキングをして個体を識別しての行動観察だった。まずは女王アリ1個体と働きアリ59個体に印をつけ、15分に1回、1時間に4回、それぞれどの個体が何をしているのかをメモしていくことにした。それを1日10時間×5日間。「1種50時間観察」を自分に課したのだ。

実験結果について話を進める前に、いろいろ説明が必要かもしれない。

まず、アリを個体識別するためのマーキングだが、何もアリに名前や番号を書くわけではない。アリの胸部と腹部に、行動を妨（さまた）げない程度の「点」をつけていくのだ。赤や白、黒などの色分けをして、たとえば、個体Aは「腹に赤赤、胸に黒黒」の点、個体Bは「腹に赤白、胸に黒白」の点といった具合に。最初、「アリにマーキングをしろ」と指示されたときはどうしたものかと思ったが、とにかくこの状況でできないと言ってもいられない。腹を据えて挑戦してみた。

ただ、体長2・5ミリのアリの胸と腹に対し、ペイントマーカーのペン先はいささか太い。そこで、割り箸にインセクトピン（昆虫標本用の針）をテープで固定したつけペンを自作。そのペン先にアルミホイルの上に出しておいたペイントマーカーのインクをつけて、ピンセットでつかんだアリに、ちょんちょんと点をつけていくのだ。さすがは米粒にお経が書ける国のヒト。なんとか小さなアリにもマーキングすることができた。

ドライアイスで二酸化炭素を出して麻酔することで、アリの動きを止めてマーキングするという方法もあって、そのほうが圧倒的にラクだ。でも、アリが麻酔から回復せずに死んでしまうことがあるので、僕はあまり好きではない。そのため、中脚をピンセットでつかみ、暴れるアリをなだめながら、隙を見てマーキングをする。

そして、パナマの宿泊所に引きこもり、朝7時から夕方6時まで、昼休憩の1時間をのぞいて10時間、アリの行動記録マシーンとなった。

アリの行動は、事前の観察から36種類に分けて記録をしていった。

「赤赤　セルフグルーミング」

「赤白　キノコ畑のメンテナンス」

「白白　蛹の世話」

といった具合（実際には、セルフグルーミングや蛹の世話など、行動にも記号を割り当てている）。これを15分おきに1日10時間、59個体を追いかけるのだ。まずは5日間チェックし続けた。

「大変だ……」と思う人もいるだろう。でも、僕はこれがそこまでは苦にならなかった。次第に、この子がいま何をしているのかがすぐに分類できるようになり、あっという間に記録用の集計シートが埋まっていく。観察し続けるのは、子どもの頃から好きでやっていたこと。これが、ある意味、僕のいちばんの強みなのだと思う。

ただ、さすがにこのときは何かの境界線を超えたのかもしれない。50時間を超え、さらに追加でアリを見続けていると、不思議な感覚に陥（おちい）ることがあった。スルスルと自分が小さくなって、アリの世界に降りていけたのだ。確かに自分は顕微鏡から覗いているのだけれど、レンズ越しのミクロの世界に自分もいて、観察対象であるアリと同じ目線でいるような、そんな感覚。

いま、これほど長時間の行動観察をやれと言われても、年齢的にも難しいと思う。僕はもうあの世界に降りていくことはできない。あの感覚は若き研究者の特権だったのだと思う。

キノコアリは超きれい好き

ムカシキノコアリの日常を見続けたことで、いろいろなことがわかってきた。たとえば、彼女たちはとても頻繁に、自分たちの体をきれいにする「グルーミング」を行う。外から帰ってきた個体は、巣に入るとすぐに前脚や中脚を使って器用に体全体をきれいにする。触角はとくに念入りだ。その時間は10～20秒、ときには1分以上セルフグルーミングをする。

これは、キノコ畑に寄生性の細菌やウイルスをもち込まないためで、とくにキノコアリでは頻繁で長く確認される行動だ。一般に、集団で生活をするアリはきれい好きな生物で知られている。人間だってきれい好きだと言う人が多いだろうが、２０２０年の新型コロナウイルス（SARS-Covid-2, COVID-19）の蔓延を見ても、まだまだ微生物と人間の関係性にはつけ入る隙が多過ぎるよ、とアリたちは思っているに違いない。

この詳細な行動観察で驚いたのは、アリたちが外から巣の中に入るときにはほぼ１００％グルーミングを行うこと、そしてその念の入れっぷりだ。ここまで徹底しないと集団での生活に安全・安心はもたらされないのだろう。ひるがえって、僕らはどうだろうか？あなたは帰宅したときに必ず手洗い、うがい、服の着替えを徹底しているだろうか？　それがきちんとできていないうちは、たかがアリとバカにすることはできないですぞ。

究極の持続可能な地産地消

ムカシキノコアリのキノコ畑は、黄色のツブツブの集まりでできている。働きアリはときどき、巣の中でこのツブツブを移動させていた。

黄色いツブツブは一体なんなのか？　キノコといいつつ菌糸すら存在しない。この面妖なキノコ畑はイースト菌の塊だといわれている。イースト菌は、パンやビールを作るときに働く菌で酵母菌とも呼ばれているものだ。じつはイースト菌というのは種類の名前ではない。真菌の仲間（いわゆるキノコも含まれる）の中で単細胞性の期間をもっているものをひとまとめに「酵母」と呼ぶ。ムカシキノコアリのキノコ畑には、共生菌がさらに変異して酵母状態になったものが生えているのだ。

キノコアリ研究の〝経典〟である1972年出版の『Gardening Ants, the Attines』を紐とくと、そこにはムカシキノコアリのキノコ畑がヤスデなどの糞からできていると書かれていた。1990年出版の『The Ants』にもその情報が載っており、ふむふむ、これはヤスデや昆虫の糞なのか、と思っていた。が、しかし、ヤスデの糞にしてはあまりにきれい過ぎる。見た限り糞の要素はほとんどない。きれいな半透明の黄色い塊だ。

50時間＋α（実際には100時間近い）の観察をすることで、この疑問に対して明快な答えを見つけることができた。

これまでの情報にしたがって、ヤスデや小型の土壌動物の糞を野外から集めて巣の中においてみた。すると、やはりムカシキノコアリの働きアリはせっせと集めはじめた。しかし、それまであったキノコ畑を移動させるものの、新しいキノコ畑は増えずにだんだんと

ムカシキノコアリのキノコ畑

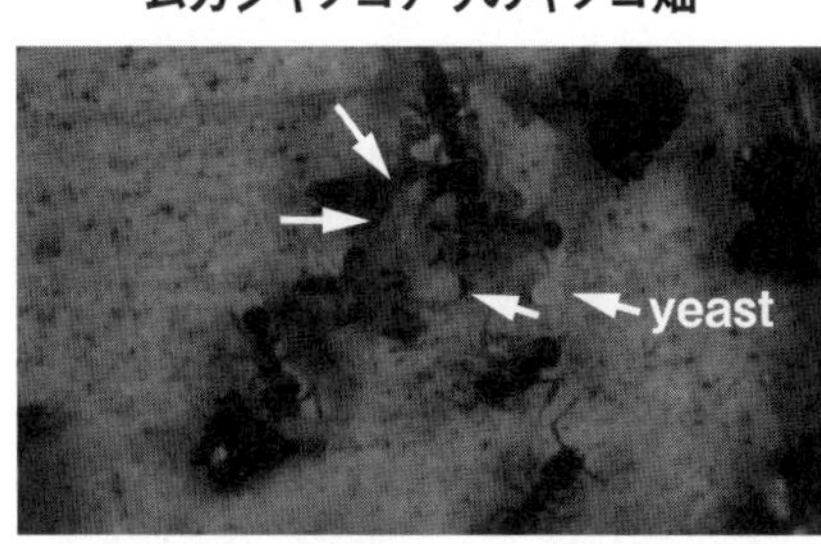

矢印がついている丸いツブが、ムカシキノコアリの育てるキノコ＝イースト菌の塊である

小さく、数が少なくなっていってしまった。

どうしたものかと思案していたときに、昼ごはんで食べたバナナ（パナマはバナナが豊富で食堂にいつも常備されている）の切れ端があったので、試しに巣のエサ場においてみた。すると、働きアリはまさに目の色を変えて一生懸命にバナナを吸ってはヤスデの糞の上に吐き戻している……なんだこれは！

みるみるうちにオレンジ色の丸い塊が糞の上に出現。そしてそれは数時間もたつとやや黄色く変化していき、10時間経過すると見慣れたサイズ・形になっている。すると、働きアリはおもむろにその塊をつまみ上げて、古いキノコ畑にもっていき、グリグリと何かをなすりつける行動をした。これか、これがムカシキノコアリのキノコ畑の作り方なのか！

連続して100時間近くも観察したからこそ見つけられたこの行動。つまりムカシキノコアリが畑の基質としておもに使っているのは、ヤスデなどの糞ではなくて働きアリが吐き出すゼリー状の物質だったのだ。

アリの腹部には「そのう」という貯蔵庫があり、吸った花の蜜や果汁などを貯めることができる。そこで発酵させたものを吐き戻してゼリー状の菌床を作っていたのだ。まさに自家栽培。究極の地産地消を行っていたのだ。この発見は小さいながら国際的に評価されるものになった。

アリがキノコを育てる理由

しかし、なぜアリはわざわざキノコを育てるなどという面倒なことをしているのだろうか？　そのきっかけについては、いくつかの説がある。おもには、「昆虫の糞や自分の糞に〝たまたま〟入り込んだ菌を食べるうちに育てるようになった」か、「食べ物の残りに〝たまたま〟生えた菌を育てるようになった」か、「土の中に存在する植物の根に共生する菌を〝たまたま〟食べるうちに育てるようになった」というものだ。

この3つの仮説はアリの成虫が菌を食べるということを前提にしているが、実際には菌を食べるのは幼虫だ。キノコアリの幼虫は成虫から口移しでエサをもらうのではなく、直接、菌を食べている。一般的にアリの幼虫はカビや病原菌などに弱く、いきなりそのへんにある菌を食べるとは考えにくい。

アリにとって卵、幼虫、蛹は大事に大事にしないといけない存在だ。これは真社会性昆虫にとって特徴的な行動といってもいい。働きアリたちは常に幼虫に気を使い、体を清潔に保ち、食べ物を十分に与え、大きさごとに場所を移動させ、ときにはゆりかごを揺するようにやさしくあやす（あやしているようにしか見えない行動をとる）。

ところが、祖先に近いキノコアリを詳細に観察していると、どうも幼虫の世話の頻度が低い。いちおう幼虫のお世話もするのだが、移動させるくらいで、あまり体をグルーミングしたりはしない。口移しでエサを与えることはなく、幼虫は自分の全身を覆う菌糸のうち、口の届く範囲の菌を食べる。このアリの働きアリは幼虫をひっくり返したり、前脚でゆすったり、大アゴにはさんで移動させはするのだが、ほかのアリに見られるような丁寧な子育てはしない。

これにはどういう意味があるのか？　おそらく卵、幼虫、蛹をお世話する行動が、菌を育てる行動に大部分置き換わっているかもしれないということだ。これは１９９３年から５年かけて得られたデータなのだが、さらに観察を重ねるとまったく幼虫や蛹の世話をせず、キノコ畑に埋め込みっぱなしというキノコアリも確認したのだ。観察していると、ちょっと幼虫たちがかわいそうにも見えたのだけれど……。

つまり、これらの行動観察の結果から、かつて、キノコアリの働きアリが吐き出すゼリーの中にアリが食べられるなんらかの菌が混入し、しだいに選択を受けながら共生菌として採用されるようになったのではと考えるほうが自然だ。

この発見は、キノコを育てるのは「たまたま、そこにあって食べた菌類がおいしかった（栄養があった）」からではなく、アリの体内にそもそも有用な菌を選択できるシステムがあったということを示唆（しさ）している。

研究は甘くない

話を１９９３年に戻そう。ムカシキノコアリによる究極の地産地消が明らかになり、これは誰も見つけていない、素晴らしい発見だ！と喜び、興奮もした。が、研究というのはそんなに甘くない。２か月あまりのパナマでの観察を終え帰国し、膨大なデータを取りまとめて論文に仕上げていた１９９４年11月。いちばん祖先的な形質を残したアリは、僕が観察していたアリではなく別のアリだという、まさかの事実が判明する。

のちに僕をテキサス大学に受け入れ、共同研究者となってくれたウーリッヒ・ミュラー教授のグループが、幼虫の形態や共生菌の遺伝子解析で明らかにし、世界最高レベルの科学雑誌『サイエンス』に発表したのだ。この論文を見かけたときの驚きたるや、目がテンになるとはまさにこのこと。論文の構成を大至急練り直さなくては！

「いちばん祖先的な形質を残したキノコアリ」を取り上げたことが、この研究の肝である。論文の提出の期限は3か月後の1月末……。慌てて東先生に頼み込み、再びパナマに向かった。振り返って考えると、東先生には無理ばかり言ってしまっている。その頃はとにかくおっかない先生、と思っていたが、ずいぶんとよくしてもらった。

1994年12月。ムカシキノコアリより少し見つけるのが難しい、「ミルミコクリプタ・エドナエラ（*Myrmicocrypta ednaella*／ウロコキノコアリ）」というキノコアリを探しに、再びバロ・コロラド島に足を踏み入れた。与えられた時間はさらに短い1か月弱（25日間）。しかし、そういったときほどトラブルはやってくる。

時差ボケも治ってないパナマ到着2日目の12月7日、森に入ろうとしたその瞬間、木の板から飛び出た釘を踏み抜いてしまったのだ。つき刺さったのは錆（さ）びた釘。これは破傷風の原因トップ3に入る。痛いやら恐ろしいやら。抗生剤入りの軟膏を塗って貴重な数日を休養にあてた。

その後、必死にウロコキノコアリを探す。でも見つからない。焦る。雨季の終わりで不規則に雨が降る。びしょ濡れになりながら、おなかを空かせながら、雷に怯(おび)えながら、泣きながらのサンプリングだった。

ようやく10コロニーほどのウロコキノコアリを見つけ出し、人工巣に移すことができたときの安堵感たるや！　ギリギリのタイミングで、再びの50時間観察を行った。新たにわかった「いちばん祖先的形質を残したキノコアリ」のデータを取り、なんとか論文の締め切りに間に合わせることができた。このウロコキノコアリ、菌を育てる行動はこれまで知られているものとほとんど差がなかった。よかった。ムカシキノコアリのユニークな行動はユニークなまま発表できる。やれやれ。

その後もほぼ毎年、パナマに通い、1種50時間観察はキノコアリ12種について行い、予備観察を含めるとこれまでに延べ700〜800時間、見続けていたことになる。研究のベースを北海道大学からテキサス大学、カンザス大学へと移したが、キノコアリを研究対象に、労働分業や遺伝的多様性、社会構造などの進化を探る研究を続けた。

キノコアリの巣の中は「小宇宙」

アリが育てているキノコはキノコといっても、シイタケやエノキタケなどおなじみのキノコとはだいぶ違う。われわれがよく知っているキノコのカサは「子実体（しじつたい）」と呼ばれ、胞子を飛ばすために、キノコがその一生の中で一時期だけ作り出す一器官に過ぎない。キノコのいわゆる〝本体〟と呼べるものは、土や落ち葉の中にはりめぐらせた糸のような菌糸、もしくはムカシキノコアリが栽培している酵母の状態のものといえる。

ハキリアリのキノコ畑。直径は15センチほどで灰色。食べたが、おいしくはない

ハキリアリの巣を掘っていたとき、「これは研究者として食べてみなくてはいけない」と少々いただいて試食させてもらったが、人間にはただただカビ臭く、まずい。とてもじゃないが、食用にできる味ではなかった。残念。

人間にとってはまずくても、アリがおいしいと思っているであろう共生菌の栄養を見てみると、菌糸の先につく液状の分泌物は高タンパク、白いふさふさのようなもの（「gongylidia」ゴンジリディアと呼ばれる）には糖質と脂質が多く含まれる。食料源としては完全食であることはまちがいない。

このキノコは、日本の林の中や公園でも見られる「キツネノカラカサ」というキノコの遠縁であることがＤＮＡの配列を解析することでようやくわかってきた。が、形は似ても似つかない。しかも、名前もない。なぜなら、地球上でキノコを育てるアリの巣の中にしか存在しないからだ。

大事なことなので、もう一度書く。

キノコアリ・ハキリアリが栽培している共生菌は、地球上でキノコアリ・ハキリアリの巣の中にしか存在しない。

通常、キノコはカサを作り、その裏側のヒダから胞子を飛ばして、次世代へと遺伝子をつなぐ。しかし、キノコアリの巣に生きるキノコにはカサがない。なぜなら、繁殖を含め、すべてをアリに依存しているからだ。わざわざ必要のない器官を、コストをかけて作り出すことはない。進化の過程でそういうルートに入った共生菌たちは、キノコのキノコたる所以（ゆえん）であったカサを捨て、胞子を作ることをやめ、キノコアリの巣の中でアリにお世話をしてもらいながら、クローン繁殖で５０００万年くらい、自らの遺伝子をひたすらつなぎ続けている。

なんという深い信頼関係。まったくの別の生き物でありながら、お互いがお互いをここまで必要としている。その長く密接な関係性のため、アリの巣の中で独自に進化が進み、形を変え、名前もつけられない未知のキノコとして存在し続けていたのだ。人間がＤＮＡ解析という手法を開発しなければ、その実態は解明されることなく、ひっそりとさらに何千万年も継続されていったのであろう。

ミクロの世界の軍拡競争

しかし、この緊密な信頼関係を築くという性質には弱点がある。緊密であればあるほど、その利益を横取りしようとする存在が必ず現れるのだ。キノコアリの世界にもそれは存在する。このキノコを標的に寄生する菌（エスカバプシス菌）だ。この菌は通常はキノコ畑の一角に隠れているが、共生菌の状態が悪くなったり、働きアリの世話がちょっと緩んだりすると、その隙にキノコ畑を覆い尽くし、共生菌をダメにしてしまう。

この寄生菌もまた、地球上の環境の中で、キノコアリの巣からしか検出されていない。

なぜ、寄生菌は存在できるのか？　アリたちはもっと効率よく排除して、撲滅させたほうが世界の安全のためには有効なのではないか？　そう考えるのが人間の浅知恵だ。このダークヒーローは、キノコアリの進化段階に応じてその寄生力を高めている。つまり社会構造が複雑になればなるほど、働きアリの排除機能が高くなり、それに対抗するために寄生する能力も上げているのだ。

このいわば「軍拡競争（Arms race）」を繰り広げることにより、ハキリアリは微生物全般に対する防御力を鍛えていった。この寄生菌だけではなく、一般的で雑多な菌類やウイルスを防御する能力も上がっていったのだ。光があるところに影があり、影のないところに光はない。ダークヒーローとの熾烈な戦いによって鍛えられることで、主人公は強くなっていくのだ（これは逆からの視点でも成立する。寄生菌を主人公におけば、アリたちがダークヒロインだ）。（それからもう一点。必ずしも主人公が強くならなくてはならないというわけでもない。現実世界では脆弱な防御システムでも、小さい社会であれば長く生き残れることをキノコアリたちは教えてくれている）。

鍛えられたシステムの実例を紹介しよう。キノコアリは、この厄介な寄生菌をやっつける抗生物質を出すバクテリアを飼っている。何を言っているのだ？と思われるだろう。詳しい説明はあとにとっておくので楽しみにしておいてほしい。

ここでいったん、あえて、ややこしくかつ短くまとめると、キノコアリの巣の中にしか生えないキノコにしか寄生しない菌がいて、それをやっつける抗生物質を出すバクテリアはキノコアリの体にしかいない。キノコアリの巣の中ではさまざまな生き物が共生し合い、攻防を繰り広げている。さながら、土の中の小さな宇宙なのだ。

キノコがアリを選んでる？

キノコアリはたまたま偶然、見つけた菌類を育てているのではない。僕の１９９４年の発見はそのことを示唆していた。

アリの〝胃〟である「そのう」や口の中にあるポケット（口下嚢（こうかのう））に存在する菌（後述する）との共同作業で、食用に適した菌類を選抜し、少しずつ少しずつ菌を育てることが可能になったと考えられる。このようなキノコアリ独自の特徴が、類稀（たぐいまれ）な菌食という行為を達成させた。

と、普通の研究者は考えるであろう。

しかし、2000年。当時所属していたテキサス大学のウーリッヒ・ミュラー教授は僕にとんでもないアイディアをもちかけてきた。

「なあ、タカ、これまでの仮説はアリが菌類を選んでいるという仮説に立っているけれど、どう考えても菌類がアリを選んでいるほうが妥当だと思わないか？」


どういうことだろう？　もう少し詳しく聞いてみると、彼はこんな仮説を立てていた。

進化の推進力というものは、食料源の確保よりは遺伝子を次世代につなぐ繁殖のほうが強く機能するだろう。考えてほしい。キノコアリは食料源を菌類に依存しているとはいえ、わずかながら花の蜜や果汁も摂取している。ということは、もしかりに共生菌がいなくなったとしても生きながらえる可能性はゼロではないだろう。が、共生菌のほうはどうだ。キノコのカサ（子実体）を作るのをやめ、胞子を作ることをやめ、100％クローン繁殖でアリのお世話にならないと次世代をつなぐことができない。共生菌はアリがいなくなったら生きながらえる可能性はゼロになってしまう。この観点から考えると、どちらがより強く共生相手を選抜するかというと、菌類だと考えるのが妥当ではないだろうか？

最初はよくわからなかったが、時間をかけてじっくり考えてみるとやはりミュラー教授の仮説のほうが筋がいい。

普通に考えればアリがキノコを選んだように思えるけれど、アリはほかにも食べるものはたくさんある。キノコしか食べないという単食のほうが珍しく、リスクも高い。アリがあえて菌食を選ぶよりも、シビアな状況にあったキノコが繁殖を手伝ってくれる相手としてアリを選び、結果として、子孫繁栄をすべて委ね（ゆだ）るほどの関係を結んだと考えるほうが、妥当だ。

そして彼はこういった。

「そういった観点から見ても、タカが発見したムカシキノコアリの菌の栽培方法は示唆に富んでいるよ。菌とアリとの出会いと選択が、土の中とかゴミ捨て場で偶然に起こったことだとすると、どちらがどちらをという議論はしにくい。けれど、アリの体内なら『なぜキノコアリだけが選択されたのか？』ということを考えやすいと思うんだ」

彼の論文は２００１年に発表され、大きな反響を呼んだ。やはり共生関係を結ぶ際にどちらが主導権を握るのかというのは、多くの人の関心を集めるのだろう。そしてそれは、僕に次のような意識の変化をもたらした。

人間の農業への新たな眼差し

宮崎駿の『シュナの旅』（アニメージュ文庫）という本がある。手にとったきっかけはパートナーからすすめられたからだ。僕にはこの物語がキノコアリの農業の研究とリンクしているように感じた。

『シュナの旅』はチベット民話をもとにしたオリジナル作品で、貧しい小国の王子シュナが、西のかなたにある豊穣の地を探し出し、黄金の穀物のタネを手に入れようと旅に出るという物語だ。シュナは苦しい旅を続けながらも、目指していた地にたどり着く。そこでついに、求めていた金色の穂を手にするのだが、その瞬間、土地を治める「神人」の怒りを買ってしまう――。

僕がこの作品を読んで思ったのは、果たして農業というのは、われわれがイメージしているような、のどかで牧歌的な営みなのか？ということだ。豊かさをもたらす素晴らしいもの、というだけではないのではないか。

現在、広く栽培されている農作物の多くは、自分でタネをつけるのを放棄して、すべてを人間に委ねている。われわれが農作物を品種改良して選別しているように見えて、じつは植物の側が人間を選んでいるのかもしれない。アリがキノコを選んでいるようで、キノコがアリを選び利用していた。それと同じように利用していると思っているけれど、むしろ、われわれのほうが利用されているのではないか？　キノコアリの農業の研究の基本命題はここにある。

ミュラー教授の論文発表から10年後、イスラエル人歴史学者・哲学者のユヴァル・ノア・ハラリが『サピエンス全史』（日本語版２０１６年刊／翻訳：柴田裕之／河出書房新社）を上梓し、累計１２００万部という世界的ベストセラーになった。

その中に人間の農業について考察している章がある。そこで彼は「農業革命は人類史上最大の詐欺」であると記している。要約するとこうだ。

われわれ人間は、穀物を栽培することによってそれまでの狩猟採集のライフスタイルを捨て、ひたすら穀物の遺伝子を増やすという生活にシフトした。穀物に依存することによって、収穫の偏りによる飢餓、備蓄をめぐる争い、そこから発生する格差、集団化することによる疫病の蔓延など、さまざまなマイナス要素が生まれた。しかし、それでも人間は穀物の魅力にあらがえない。集団化が進むことにより、「秩序」が必要となり、文字や貨幣、法律などが発生する。こうして生まれた「社会」は、アリのように遺伝子に組み込まれた社会構造ではなく「想像上の秩序」だが、人々はこうした「想像上の秩序」を、「自然で必然」なものだと考えている。穀物の立場に立ってみれば、人間は家畜であり、家畜たちが段階的に自分たちの社会を進化させていったということだ――。

われわれ人間は、穀物の呪縛から抜け出せない地獄の罠(わな)にはまってしまっていると、ハラリ氏は指摘する。ようやくアリから得られた知見が人間社会を深く考察し、意識変革するところまで届いたのである。

おしゃべりな研究者仲間のこと

キノコアリの巣の中にしか生えないキノコにしか寄生しない菌がいて、それをやっつける抗生物質を出すバクテリアはキノコアリの体にしかいない――。

これは、現在ウィスコンシン大学の教授をしている同い年のキャメロン・キュリー博士が、1999年に科学雑誌『ネイチャー』と『アメリカ科学アカデミー紀要』に発表した論文で明らかにしたものだ。が、じつはその新発見の近くに僕はいた。

2001年、テキサス大で僕とキャメロンは同じ研究室で、隣同士の部屋で共同研究を行っていた。あるとき、僕はパナマから採集してきたキノコアリたちを一日中、行動観察していた。すると、奇妙な動きをする働きアリがいることに気づいた。胸の横にある分泌腺のあたりに、脚を何回もこすりつけ、全身に何かを塗りつけている。相当な時間をキノコアリの観察に費やしてきたけれど、そんなグルーミングは見たことがなかった。

急いでキャメロンに知らせ、2人でしばらく観察をしてみると、やはり同じ個体が同じ行動をしている。「スペシャルグルーミングだ！」「すごいね！」と興奮しながら、実験計画を立てて、研究を進めていった。が、実験を終えてデータが出た段階で僕は日本への帰国が決まり、アリの研究自体をいったん休止することになってしまった。その後、キャメロンたちが、素晴らしい論文にまとめ上げた。

キャメロンとはテキサス大学で2年半、一緒だった。彼は現在でも立て続けに新発見をしているすごい研究者だ。しかし、こういうと怒られるだろうが、彼はあまり熱心に論文を読むタイプの研究者ではなかった（少なくとも当時は）。なんでもかんでも培養をしたがり、実験はよくやっていたけれど、日本人ほどは本を読まなければ、論文もたいして読んでいるようには見えなかった。英語ネイティブなのだから、日本人が論文を読むことに比べれば断然、楽なはずなのに、とにかく一日中、誰かと議論をしているのだ。

日本語を母語とする僕にとっては、英語でコミュニケーションをとるのは正直、面倒くさい。が、それを差し引いても、「日本語だとしても無理」というくらい、キャメロンはよくしゃべっていた。「よくそんなにしゃべれるなぁ」と思っていたが、彼としては生の情報に触れることに意味を見いだしていたのかもしれない。

それはわれわれ日本人の日本式教育システムで育った情報の取り込み方と決定的に違う点だ。どのジャンルの研究者にもいえることかもしれないが、日本人は勉強し過ぎるがゆえに、教科書に書いてあることが正解だと思ってしまう。

逃したネイチャー級の発見

キャメロンが1999年に『ネイチャー』に発表し、世紀の大発見といわれたキノコアリの共生バクテリア。じつは僕も1993年に見つけていたのだ。「このキノコアリの体についている白い点々はなんだろう?」と発見したまではよかったのだが、そこで自分の得意な実験手法にまでもち込まなかった。これが大発見を逃してしまった最大の要因だ。

白い点々に気づいたとき、僕は経典『Gardening Ants』を引っ張り出して、隅から隅まで読み込んだ。そこには、この「白い物質がワックスであろう」と書いてあった。それを読んで思考停止した村上青年は「そうか、これはワックスなのか」と思い込み、「あろう」という推測でしかないという部分を読みきれなかった。しかし、キャメロンはそこで思考停止せず（というか、たぶん本は読まず）、どんどん自分の得意な細菌培養を行い、そのバクテリアが抗生物質を出す放線菌であることを見つけたのだ。

地球上でキノコアリの体表からしか見つかっていないこの特殊な放線菌は、体表だけではなくあの共生菌の選別が行われているかもしれない「口下嚢」からも検出された。まさに僕が発見したムカシキノコアリの特殊な行動が菌食行動の起源に近かったことを示しているだろう。それだけではなく、菌のＤＮＡの塩基配列もアリとともに変化しており、まさに「共進化」している教科書的事例としてその後も次々と論文が『ネイチャー』等に発表されている。

さらに発見は続く。じつはこの共生放線菌の出す抗生物質は、寄生菌の繁殖を抑制するだけではなく、アリ自体の健康を増進する「免疫系」の役割を果たしていることも明らかになっている。キノコアリの小宇宙はまさに地中で完結する、ある意味究極のバイオスフィア（生物圏）なのだ。

自分のスキルと自らが集めたデータから論を構築していくキャメロンのようなタイプのほうが、新発見に近いと見せつけられたようで、正直に言えばショックだった。日本と海外では教育の違いもあって、単純にどちらがいいとはいえない。ただ、思い込んでしまうとそこで思考が停止してしまうということは、このときの経験で学んだように思う。

過酷で楽しい？ ハキリアリの巣掘り

僕はおそらく、もっともハキリアリの巣を掘っている日本人だろう。これまでの研究人生で巨大なハキリアリの巣を10以上掘り起こしている。いままで掘った中でもっとも大きかったのは、テキサス州オースティンの牧場で掘った巣で、6メートル四方で深さが3メートルというものだ。牧場主がハキリアリに牧草を刈られて迷惑だからとミュラー教授に相談したらしい。

それを掘り出す作業はもはや土木工事だ。しかし、まさか重機で掘り起こすわけにはいかない。このときは15人がかりで丸3日間かけて大部分を掘り出した。が、全部は掘り出すことができず、たった1個体いるはずの巨大な女王アリも取り逃がした。

先頭を切って穴を掘っていると、ハキリアリの働きアリたちが襲いかかってくる。服や靴はもちろんのこと最後は顔の皮膚まで切り裂かれ出血。その痕には微生物が入り込んで化膿する始末。繰り返すようだが、アリの調査も楽ではないのだ。

しかし、巨大なだけあって、巣の内部はすごかった。深さ3メートル付近には直径1メートルにもなるキノコ畑が鎮座し、そこからは共生ゴキブリや共生コオロギ、甲虫などなどいろんな好蟻性昆虫が飛び出してくる。

キノコ畑の脇には深さが測れないほどの真っ黒い穴が地下へと続いていて、その穴からは発酵した空気が吹き上がり、なんともいえないにおいがした。どうやら、通気口が２つほど掘られ、ゴミ捨て場と換気システムを併用している設備のようだった。

学生のときのパナマでのハキリアリ調査はもっと大変だった。気温32℃、湿度１００％

という環境下で巣を掘るとなると、汗が滝のように噴き出てくる。しかも、僕ひとりでの作業。熱帯雨林の粘りけがある赤土は重く、ひと掘りするごとに体力が奪われていった。

このときも、巨大な侵入者（僕）の襲来に働きアリの中でもいちばん大きなメジャーワーカーである兵隊アリが興奮しながら一斉に襲いかかってきた。怒りながらその大きなアゴで、頭を保護している手ぬぐいからシャツ、ズボン、安全靴などをズタズタに裂いていく。

痛いのは痛いが、いちいち気にしていたら掘り進めることはできないし、振り払ったところで彼女たちは頭だけになっても、一度つかんだものを絶対に離さない。全身にハキリアリを鈴なり状態でぶらさげ、顔を咬みつかれながらも掘り続けるしかない。人間に襲いかかる無数のアリ――パニック映画さながらの光景がパナマでも繰り広げられた。

大きなコロニーをひとつ掘り終えると、身につけていたものはすべてズタズタ。ところどころ鉤形に切り刻まれ、ボツボツと無数の穴があいていて、銃弾を受けたあとのような有様となる（このボロボロになった服と靴が珍しかったのか、茨城県自然博物館で1996年10月から2か月ほど展示されたことがある）。

ハキリアリの巣を掘るときは、まず巣の30センチ手前から1メートルほど掘り、そこか

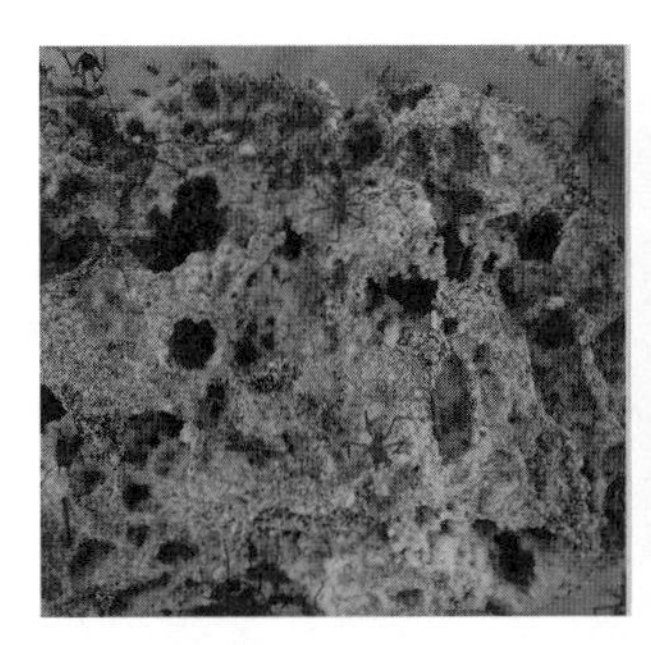

カラーでお見せできないのが残念だが、右の畑の左下には巨大な女王アリがいる。まわりの葉っぱはまだ緑色を保っている。左はレースのように繊細でフワフワとしたキノコ畑

らスコップを立ててスライスしていくように、巣の断面を露出させせながら掘り進める。すると、順番にキノコ畑が収納されている小部屋が出てくる。

毎年のように調査にパナマに出かけていたが、巣を掘って最初のキノコ畑の小部屋を見つけたときの心の躍りようはずっと変わらない。やや灰色がかったホワホワの壊れやすいキノコ畑。それをシャベルでやさしくすくい、大きなタッパーのような容器に移していく。アリが作ったものとは思えないほどの繊細さと形状に心がゾワゾワし、ついついその巣をなでなでしてしまう。実際に直接目で見て、手で触れてもらうとわかってもらえると思うのだが、「これをアリが作ったのか！」と感嘆に値する造形で、どうしてもその感触を毎回、確認せずにはいられないのだ。

このハキリアリの巣掘りは体力的にはつらい。若か

った学生時代、必死にやっても5年間で10コロニーが限界だった。朽木に作られる進化していない小さなキノコアリの小さくてかわいい巣とは段違いだ。が、それでもやっぱりハキリアリの巣掘りはおもしろい。毎回、巣を掘ってキノコ畑を見つけると、そこには何か未知のものがあるに違いないというワクワク感がある。その興奮は何度経験しても褪せることがないから不思議だ。

ハキリアリの洗練された農業

ムカシキノコアリのキノコ畑はオレンジ色のツブツブの集まりだが、ハキリアリの作る畑はまったく違う。畑は直径15センチほどの小部屋の中にあり、もっとも大きかった巣には1000を超えるキノコ畑が作られていた。

そのキノコ畑はどうやって作られるのかというと、まずは、菌園の土台となる植物片を集めるところからはじまる。第5章で詳しく話すが、ハキリアリの労働は驚くほど細かく分業されている。木の上から葉を切り落として下に落としたら、別のアリが巣へともち帰る。巣の中では、運び込まれた植物片をさらに細かくして、菌園の土台を積み上げていく。

そこに、すでに生えている菌から菌糸を抜いて、新しい畑に植える。

一方で、生え過ぎた菌糸を適切な長さに切り揃えたり、畑の下のほうが古くなって栄養状態が悪くなったら、巣の外へと捨てに行く。いつでもホダ木が新しい状態を保っているのだ。そして、外で集めてきた蜜を吐き戻したり、液状の糞を与えたりして、畑に栄養を与える。地中は雑菌が多く、中には致命的な寄生菌（エスカバプシス菌）もいる。触角で探査し、見つけたら大アゴで器用につまみ上げ口に含んで、巣の外へ吐き捨てる。

畑を耕し、苗を植え、栄養を与えながら育て、雑草や害虫が出たらとりのぞく。まさに、人が丹精込めて農作物を育てるのと同じ。いや、温室栽培のほうが近いのかもしれない。というのもテキサスでのハキリアリの巣堀りで説明したように、ハキリアリの巣には天然の換気システムが構築されていて、空気が循環されるようにもなっているからだ。巣内は温度27℃、湿度は85～90％にキープされ、常に共生するキノコしかいない状態に保たれている。完璧な生産管理がなされているのだ。

ハキリアリの「ゴミ捨て場」

古くなったキノコ畑はどこに捨てられるのだろうか？　働きアリたちは古くなったキノコ畑の断片を口にくわえると、8列から10列の縦隊となって巣の外に行軍する。巣穴から数メートル先にゴミ捨て場が設置されており、働きアリたちは、ゴミ捨て場の上にかかる枝や地表に飛び出た木の根から器用にポトッと古くなったキノコ畑を落とす。順番に効率良くゴミ捨て作業は遂行され、順次また巣に戻っていく。なんとも見事なシステムだ。

その昔、どうしてもこのポトッと落とす瞬間を写真に収めようと、ゴミ捨て場に寝そべってカメラを構えていたことがある。時間にしてほんの30分ほど。しかし、当時の僕はあまりに無知だった。このゴミ捨て場が、さまざまな生き物の楽園であることを知らなかったのだ。

全身40か所ほど、目に見えないサイズのダニに咬まれ、帰国後も数か月にわたり尋常ではないかゆみに苦しめられた。最終的には咬まれた痕すべてが化膿して高熱を発し、皮膚科のお医者さんもお手上げの状態となり、挙げ句「あー、ダニが卵産んだかもしれないね。よくわからんけど」とサジを投げられる始末とあいなった。無知とは怖いものだ。ハキリアリのゴミ捨て場には、決して寝転んではいけませんよ。

ちなみに、ハキリアリに限ったことではないが、死んでしまったアリや寿命がつきそうなアリも外に出されゴミ捨て場に捨てられる。巣の外、少し離れたところに墓場というか、死体置き場というかゴミ捨て場がある。これはアリ類に比較的共通して観察される習性だ。

気になるのは、どうやって死にそうなアリを判別するのか?ということだが、アリは寿命が近づくと動きが鈍くなり、脚が縮こまる。そして最後、触角がシューと閉じられ、そうなるとつまみ出される。

また、２００９年に『アメリカ科学アカデミー紀要』に出た研究では、アリの体には2種類のにおいがあり、①巣の外に運び出されて捨てられてしまうにおい、②それを妨害するにおいだという。つまり、元気なうちは両方のにおいが分泌されて、みんなと仲良く巣の中で暮らせるが、元気がなくなると運び出されるのを邪魔するにおいがしなくなり、巣からゴミ捨て場へと連れていかれるという仕組みになっている。これもまたよくできたシステムだ。

実験的に元気のないアリに②の化学物質（ドリコディアルとイリドミルメシン）を塗っておくと、死んでもゴミ捨て場には捨てられないという結果になった。「僕は死にません！」とアピールし続けることが重要だということだ。

キノコ畑はメンテナンスを怠ると、場合によってはわずか1日でダメになってしまう。働きアリを退けて、キノコだけにすると次の日にはカビてしまう。それだけ働きアリたちはキノコ畑をいつでも、綿密にお世話をしているということだ。これがまさに菌類に制御されたアリたちの姿といってもいいかもしれない。

人間の農業と一緒ではないか。農家さんがかけているエネルギー量と得られる農作物のエネルギー量を比較したら、農家さんがかけているエネルギー量のほうが多いかもしれない。かけたコストとリターンだけで比較をしたら、狩猟採集生活のほうがわずかながらプラスになるだろう。しかし、人間も植物や家畜哺乳類に「うまくそそのかされて」農業や牧畜を発展させたのだ。

僕らがハキリアリを見るような視点で誰かが人間を見ると、「ずいぶん無駄なことをしているな」と笑うかもしれない。「そんな手間のかかることをやってどうなんだい？」と。しかし、それが共生系の真髄であるし、生物の多様性をさらに増やすことにもつながっているのだ。

ハキリアリの女王

ハキリアリの女王アリの寿命は10〜15年、最長で20年ととても長寿だ。また、フィールドで見るとカナブンか？セミか？と思うほど大きく、地球上のアリ類の中でもっとも大きい女王アリの部類に入る。

女王は結婚飛行で平均５〜10個体のオスと交尾をして、約５０００万〜３億の精子を貯蔵し、小出しにしながら生涯でおよそ３０００万個の卵を産む。大きな体は一度に多くのオスアリの精子を受け入れ、たくさんの卵を蓄えておく物理的スペースがあるということだ。

〝なまもの〟の精子を20年間、常温で劣化せず休眠させておけるというのはものすごい仕組みだ。しかも、電気も使わない。生物学的にも大きな謎で、この仕組みがわかって応用できたら精子貯蔵をディープフリーザー（マイナス80℃）で保存する必要もなくなるし、生鮮食料品だって常温保存が可能となり、冷蔵庫などいらなくなるだろう。革命的な大発見ではあるが、まだその仕組みはほとんど解明されていない。

女王が巨大化するには、巣を大きくしてエサを大量に安定的に確保する必要がある。それを可能にしたのが、完全食ともいえる高タンパク・高脂肪・高糖質の共生菌の栽培だ。

キノコアリはキノコ畑を次の世代にどうやって伝えていくのだろうか。新女王アリが新たな巣を作りはじめるとき、最初のキノコはどこからやってくるの？とも思うだろう。

キノコアリの女王アリの口には特殊なポケットがあり、新女王アリは生まれた巣のキノコ畑から菌糸をちょこっとだけ口に入れて、結婚飛行に飛び立つ。交尾ができたら、地上に降りて巣穴を掘ってキノコを吐き戻す。つまり、共生菌は、嫁入り道具というか、実家の「ぬか床」を嫁ぎ先に持っていくような感じで子々孫々縦方向に伝わっていく。

ハキリアリの場合、ひとつの巣から最大200〜300個体の新女王アリが飛び立つ。その中で新たな巣を築けるのはわずか1〜2個体だ。クモなどの外敵に食べられたり、鳥に食べられたり、成功率はわずか1％以下という低い確率だ。無事に巣を作り、1個体で最初の働きアリを生むまでは孤独な戦いが続く。巣が安定してきたあとは1時間に180個、それを24時間365日、20年間、合計で最大約3000万個の卵を地下で産み続ける生活となる。

巣の寿命も女王アリとともにある。ほかのアリの場合、働きアリが繁殖を担うようになる種もあって（第4章で詳しく解説します）、女王アリがいなくなっても2年程度コロニーは存続する。僕が飼育したものだと、最長5年、働きアリだけでもったコロニーもある。しかし、ハキリアリの働きアリの寿命は3か月と短く、不思議なことに女王が死ぬとすぐにキノコ畑がダメになり、コロニーはあっという間に小さくなってしまう。

強大なガバナンスに身を委ねて維持させていると崩壊もあっという間、というのは人間の社会にも当てはまりそうで、ハキリアリのコロニーの崩壊を見るのはほかのアリの最後を見るよりもつらく、いつも物悲しく思ってしまう。

ハキリアリvsグンタイアリ

新熱帯のアリで「エース級」といえば、ハキリアリとグンタイアリである。この2大勢力はパナマの熱帯雨林でもわがもの顔で行進している。昆虫好きの子どもたちからは、たまにこんな質問を受ける。

「グンタイアリとハキリアリはどっちが強いのですか？」

あるときまでは、常に「引き分け」と答えていた。これは実際の観察から導き出された結論だった。勢力としてはほぼ互角、攻撃能力ではグンタイアリが優勢だが、防御能力はハキリアリが優勢。この場合、戦いが生じたら双方に大きな損失が出て、得るものが少ない。つまり、この2者間は1980年代の米ソ冷戦や2020年代の米中経済戦争のように直接の武力衝突を避けるようになっているのだ。

ところが、僕が観察している中で一度だけ、ハキリアリの巣が滅びていく瞬間に立ち合ったことがある。1993年に初めてパナマに行ったときに確認した巨大な巣で、丘一面がそのハキリアリの巣穴になっていた。まるで月面のクレーターのような状態になっている場所だ。以来、訪れるたびにチェックをしては「今回も元気だな」と楽しみにしていた。

2014年に調査で訪れたときだった。忘れもしない12月8日、その日も僕はキノコアリを探していた。その僕の目の前で、グンタイアリがこの推定21年もののハキリアリの巣を攻撃しはじめたのだ。数百万のハキリアリvs100万のグンタイアリ。数のうえではハキリアリが圧倒的に有利なはずなのに、グンタイアリの攻撃にハキリアリはなすすべもなくやられていった。

繰り返すようだが、通常の状態であれば、グンタイアリとハキリアリの行軍がクロスしたとしても、ケンカになることはない。互いに「われ関せず」を貫く。しかし、このときは違った。おそらくだけれど、ハキリアリの巣が襲撃されたのは、女王アリが弱っていて巣の戦闘力が落ちており、そこをグンタイアリが狙ったのだと思う。

僕が確認できただけで21年間、存在し続けていた巣である。女王の寿命がきてもおかしくはない。気持ち的には残念だけれど、僕ができることはカメラでこの貴重な出来事を写真に収めることくらいしかない。2時間ほど撮影し、翌日再び見に行くと、巣の中にハキリアリはおらず、一面に死がいが散乱し、見るも無残な様子であった。

ハキリアリはグンタイアリに負けることがある。Q.E.D.――かく示された。証明完了。

非常に無念であった。

コラム❷ 研究者の天国「パナマ」

フィールドでは何をしているのか？

パナマでの毎日は忙しい。生きたアリを日本に持ち帰ることはできないので、研究に必要な行動観察のデータはすべて現地で取りきらなくてはいけない。熱帯に来てまで真面目にスケジュールを立てて行動するなんて無粋かもしれないが、毎回、帰国日から逆算して日々のスケジュールを練る。滞在できる時間は限られているので、どうしてもスケジュールはタイトになる。とくに調査後半はやりたいこと、やるべきことが追加で出てくるし、仲良くなった世界中の研究者、学生たちと酒を飲んで交流するのも大事なお仕事だ。そのため、滞在期間中はほとんど休みらしい休みはない。

3か月ほど滞在できる場合、最初の1か月は野外での観察と採集にあてる。朝6時半頃、夜明けとともに目覚め（赤道付近なので日の出が6時半、日の入りが6時でほぼ固定されている）、朝食をすぐに食べ、7時には活動を開始。頭に手ぬぐいを巻き、長袖長ズボン、安全靴という完全防備で、アリ観察の「七つ道具」を携(たずさ)えて森へ向かう。

「七つ道具」とは、「吸虫管」、「根切り」というスコップ、アリを入れる容器やプラスチック製

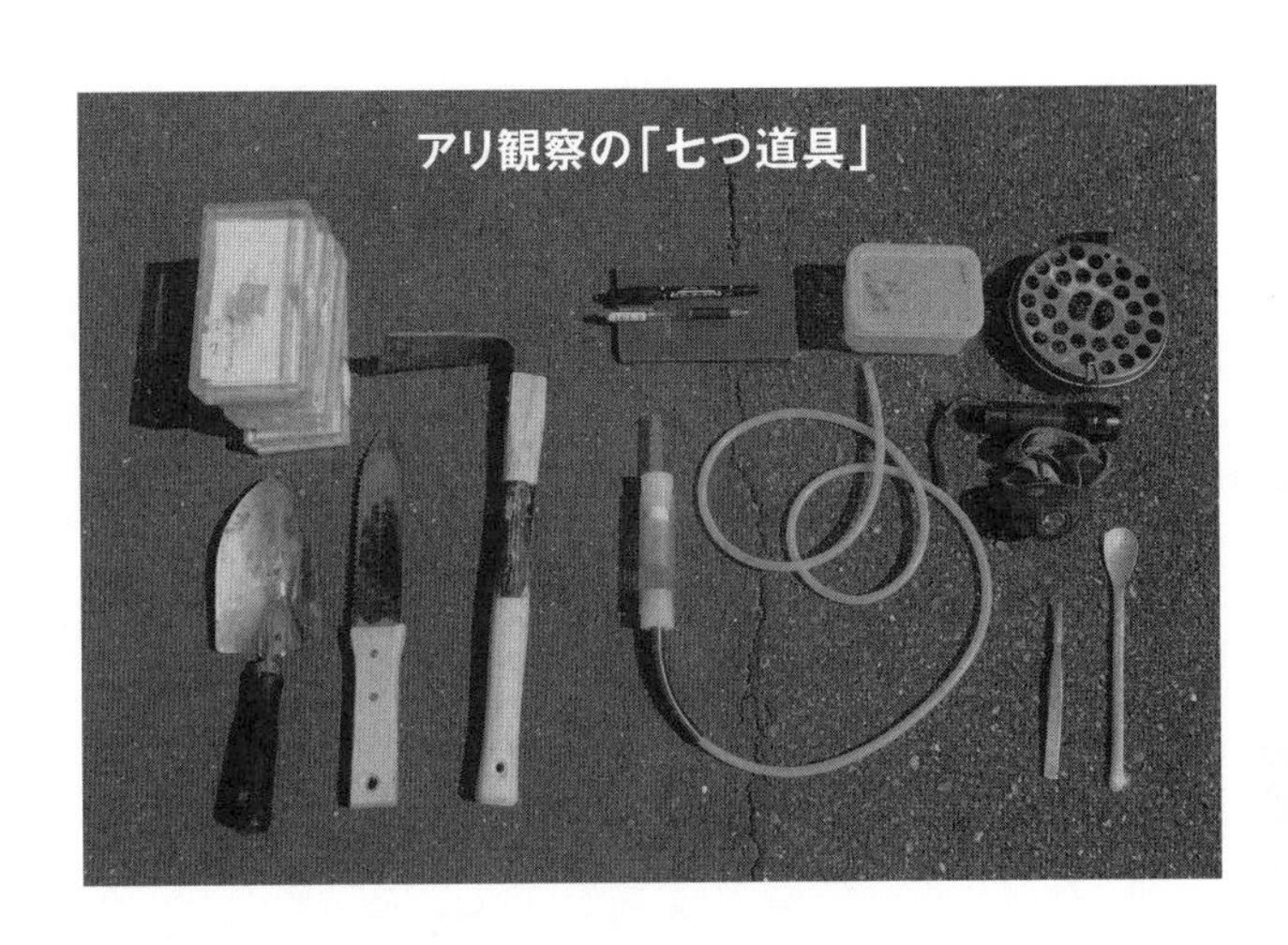

の50ミリリットルのチューブ。大きく掘り出すときの大グワと枝切りハサミ。ハキリアリの巣を掘るときは、大型のスコップを担いで熱帯雨林に入る。あとはチャック付きビニール袋やピンセットなど。そして、あまりほかの研究者が持たないものではあるが、キノコ畑をやさしくすくい取るための薬サジも欠かせない。

バロ・コロラド島のてっぺん付近に着くのが7時半くらい。早々に、森の中（日によって場所は異なる）で観察をはじめる。まずは、キノコアリの巣を見つけることからだ。当初はいろいろなキノコアリの特徴を頭に入れながらの作業だったので時間がかかったが、数年もたつとどういったタイプの盛り土があるとどういうキノコアリかだいたい見当がつく。そして好みの朽木もわかってくる。

行動観察用に確保するときは、土を手前から慎重に掘っていく。深さは種類にもよるがだいたい30〜50センチ。熱帯特有の粘土質の赤土はこれだけの深さを掘るのもひと苦労だ。ときにはこういったサンプリングを日に数十回と繰り返す。巣が古くてアリがいない、別のアリだったなど、当然、外れる場合もある。思ったとおりキノコ畑に当たったときには、土の中からは芸術品のように整えられた円空の空間と灰色や薄黄色の神秘的な形のキノコ畑が姿を現す。全身の毛穴が興奮で開くのがわかる。まるでキノコアリが僕のために待っていてくれたような錯覚を覚える（体力的にも精神的にもつらいサンプリングなのでこれくらいの妄想力が必要なのです）。

そうこうしていると、あっという間に昼だ。12時半には食事のために施設に戻り、少し休憩をとって（熱帯ではシエスタは必須だ。これがないとさまざまな感染症・病気・ケガを呼び寄せる）、再び森へ入るか、採集してきたアリたちを人工巣に移す作業をする。

採集と並行して野外での行動観察も行う。キノコアリの場合、キノコ畑の基質（いわゆるシイタケのホダ木みたいなものだ）に何を使っているのかを野外で直接確かめる必要がある。熱帯多雨林というのは林床（森林の地表面）に下草がなく歩きやすいのが特徴だが、樹高数十メートルの樹木の上のほうがみっちりと葉で覆われ、林床はかなり暗い。そんな中、種によっては体長2ミリ程度のアリが何を運んでいるのかを確かめるのだから、本当に根気のいる作業だ。老眼になったら100%不可能な作業である。学生のときはとくにヘッドライトもつけずに鮮明にアリが見えていたが、それでも写真を撮るときに、その暗さと小ささに改めてビックリしたものだ。

泣きながら森を這い回った日々

キノコアリの巣を求めて、熱帯多雨林を歩き回る。距離にすると多いときで1日12時間近く、25キロを超えることもある。アリを探すわけだから、見つけたと思ったら屈む。何を運んでいるか確認するためにはほふく前進のようなこともする。ヒンズースクワットを1日中やり続けるようなものだ。

いちばんしんどい雨季のはじめ（4・5月）で気温は35℃、湿度100％。乾季（2月）で気温32℃、湿度20％（ただし、乾季はマダニが大量発生するので、それはそれでまた大変だ）。熱帯雨林での活動は体力をそうとう消耗する。3か月間の調査で、いつもだいたい7〜8キロくらいは体重が落ちてしまう。

ただ、痩せたほうがフィールドワーク的にはメリットが大きい。体が軽くなるので、調査地に行くまでの時間が短くなるのだ。10キロほどのリュックを背負って森の中を小走りし、ときにはほぼ全力疾走で駆けていくことができるようになる。最初、1時間くらいかかっていたところに、1か月もたつと15分くらいでたどり着けるようになる。

こうして野外での観察と採集が順調にいけば、次の1か月は採集した巣や女王アリ、働きアリを施設内の研究室にこもって観察、解剖する段階に入る。3か月あれば、余裕をもって進められるが、1994年のように1か月しか時間がないときは焦る。

帰国しなくてはいけない日は決まっていて、観察や解剖の時間を逆算すると、どう考えても間に合わない！となる。集まらなければデータが取れない。やばい、やばい、やばい……。研究も後半になればなるほど、集めにくい種を扱わなくてはならなくなるので採集の難易度は格段に上がる。

幸いなことに僕は、これまで11回パナマに行っていて、サンプルが集まらず予定していた観察や実験ができなかったということはない。けれど、雷雨の中、びしょ濡れになりながら森の中を歩き回り、25歳を過ぎたいい大人がすべてを呪い、泣きながら這いつくばっているのだ。かなり鬼気迫るものがある。

ヘビと心通じた瞬間

熱帯多雨林を歩き回っているといろいろなことがある。雷がほんの数十メートル先に落ちて目の前が真っ白にホワイトアウトしたこともあるし、森から抜けて湖が広がる入江に出たと思ったら、そこはワニの休憩所で5〜6匹が寝そべっていて、ワニのほうがビックリしてバシャバシャと水の中へと逃げ出してくれたときもあった。いずれのときも、冷や汗が出て、心臓はバクバクだった。

僕は昆虫も爬虫類も両生類も大好きだけれど、生き物に対する根源的な怖さは当たり前にもち合わせている。好きと怖いは両立するのだ。朽木をめくったらいきなり大型のタランチュラが現れ威嚇のポーズをとられて、「ぅわあ！」と飛び退いたこともあるし、スズメバチやキラービーに追いかけられたらすべてを放り出して逃げ出す（その後、ヴォーン、ヴォーンと興奮して飛び回るハチが落ち着くのを待って採集道具はすべて回収します。念のため）。

フィールドワークに危険はつきものだが、得難い経験のほうがはるかにたくさんある。たとえば、崖をよじ登って採集していって、最後、藪（やぶ）をかきわけて開けたところに出た瞬間、目と鼻の先にコアリクイが。数秒間、お互い真剣に見つめ合った。

「こいつはなんだ⁇」

お互いの正体に気がついた瞬間、逆方向に飛び跳ねるようにともに逃げ出した（どちらもとくに危害を加え合う関係ではないが、とにかくビックリするのだ）。

また、雨季の終わりの不規則なスコールに降られ、全力疾走で山を降りる僕の、ほんの数十センチ横を体長2メートルくらいのヘビが一緒に並んで走っていたこともあった。時間にしてわずか2、3秒。並走した距離もほんの10メートルくらいだろうか。しかし一瞬、お互いを横目にとらえ、そして気持ちが共有された感触があった。種の垣根を超えて。

「突然の雨はつらいな」

「そうっすね。早く帰りましょう！」

「では！」

という感じで、ほぼ同時にヘビは左の藪の中へ、僕はトレイルに沿って右へ。互いに速度を緩めることなく、別れていった。

日本にいると、無性にパナマが恋しくなることがある。あの地は僕たち研究者にとってはやっぱり天国なのだ。

第3章　おしゃべりするアリ

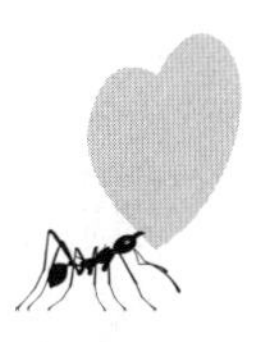

においに頼るアリのコミュニケーション

地中の暗いところや朽木(くちき)の中で暮らすアリは、視力があまり良くない。完全に目がなく頭部がつるんとしているアリもいるほどだ。

砂漠に生息する「ウマアリ」の仲間は、天空の光の角度などで方角を判断している。さらに実験によると地上の木の形、岩や昆虫の死骸などをランドマークとして利用していることが明らかになっている。

しかし、ウマアリは例外といっていいだろう。多くのアリは明度や物の輪郭がわかる程度の視力しかなく、視覚ではなく嗅覚――フェロモンなどの化学物質・においでコミュニケーションをとっている。

アリが行列を作ることができるのも（すべてのアリが行列を作るわけではないが）、このフェロモンの一種、「道標(みちしるべ)フェロモン」の働きによるものだ。エサを見つけたアリはとくに濃いフェロモンを出すため、そのにおいを頼って周囲でフラフラとしていたほかのアリたちが集まる。すると、道筋につけられたにおいはさらに濃くなる。一方で、フェロモンは時間がたつと消えてしまう揮発性の物質なので、まちがったルートや遠回りのルートについたフェロモンは消えてなくなる。こうして、効率的に行列を作ることができるのだ。

このほか、わかっているだけでアリには70種類のフェロモンがあり、用途に応じて使い分けている。

また、同じ巣の仲間かどうかは「体表炭化水素」というにおい物質の比率で見分けている。基本的には体表炭化水素の比率は遺伝的に決まっているのだが、常に働きアリ同士が互いにグルーミングをし合い、体表炭化水素の成分を交換し混ぜ合わせることによって、同じコロニーのにおいをさらに強調し合っている。つまり、遺伝要因と環境要因両方で巣

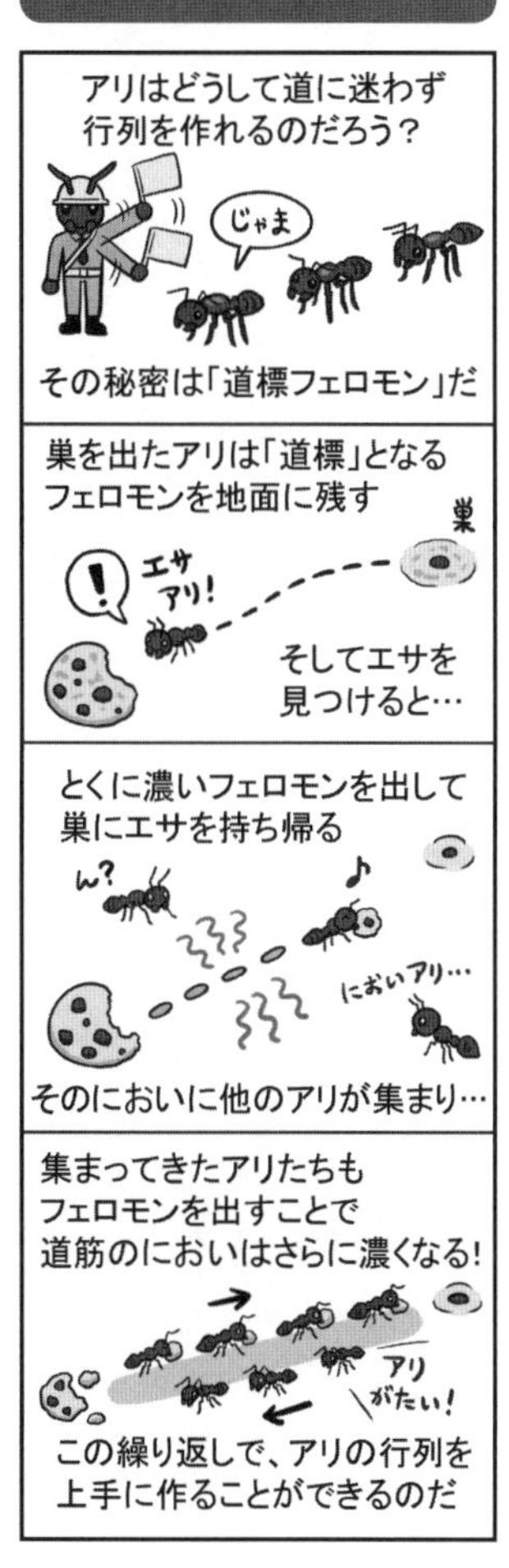

の仲間を識別できるような仕組みを作り上げているのだ。

においといっても、われわれが鼻でかぎ取っているのとはちょっと違い、触角にある特定の受容体で感じ取っている。アリを観察していると、触角を細かく動かしながら活動している様子を見ることができる。アリは触角からさまざまな情報を得ているが、においを感知するという点でも重要な器官なのだ。

「アリはしゃべるぞ」

しかし、アリのコミュニケーションの手段はそれだけではない。じつは音声を使ったコミュニケーションもとっている。とくに前章で紹介した、農業をするなど高度に社会を進化させてきたハキリアリは、相当なおしゃべりだ。僕はここ数年、ハキリアリの音声解析と辞書作りに注力している。

きっかけは僕の師匠である東先生だ。「アリはしゃべるぞ、この論文を読んでみろ！」と言われたことだ。最初は「またまた、東先生は何を言っているんだろう？」と思ったのだが、東先生がとんでもないことを言うのはこれまでにも何回かあったし、それが大ハズレしたことはない。

先生から渡された論文は、２００９年、アメリカの科学雑誌『サイエンス』に掲載されたもので、アリの巣の中で育つシジミチョウの幼虫が、宿主の「シワクシケアリ」の女王アリの音を擬態している、という衝撃的な内容だった。

シジミチョウは日本にもいる決して珍しくはないチョウだ。好蟻性昆虫としても有名で、その仲間の中には、幼虫や蛹の時期、アリの巣の中で働きアリに世話をしてもらうものがいる。アリが自らシジミチョウの幼虫を巣に運び込むのだが、それは、シジミチョウの幼虫が宿主であるアリに似せた化学物質を出し、においを擬態させて仲間だと思い込ませるからだ。

しかし、イタリアとイギリスの研究グループは、こうした化学擬態だけでなく、シジミチョウの幼虫や蛹は女王アリと極めて近い音を出すことで、働きアリを騙してコロニー内で優遇されている、ということを発見したのだ。

このことは、アリの社会では化学物質だけではなく、音声でのコミュニケーションが相当程度、行なわれていることを示している。そして、働きアリ、女王アリがしゃべっているなら、アリの幼虫だってしゃべっているだろう、というのが東先生の仮説の論拠だった。

おしゃべりなアリの〝ヤバい世界〟へ

最初、僕は「いやいや、アリの幼虫はしゃべらないんじゃないかなぁ」と思っていた。しかし、東先生はツテをたどって、早々にアリの音を録音する装置まで開発していた。しかし、自らが研究対象とするアリの幼虫で試してみても、あまりうまく音が録れない。だったら、ハキリアリの幼虫で試してみようとパナマに向かうことになった。そして、日中、採集してきたハキリアリの幼虫と働きアリを飼育ケースに入れ録音装置をセットしたのが、本書冒頭の2012年9月の夜なのだ。

キョキュキュキュ　キュッキュキュキュキュキュ
キュキュキュ　キュキュキュ
キョキュキュキュキュ　キュッキュキュキュキュキュキュキュ
キュキュキュキュ　キュキュキュキュ

驚いた。

ハキリアリが音を出すことは、知っていた。ハキリアリの巣を崩すと、怒った大型の働きアリが「キー」「キー」という音を出しているのを何度も聞いていたから。ただ、それはまぁ、巣の仲間に危険を知らせる警戒シグナルだろうということで、とくに注意も払っていなかった。しかし、目の前の飼育ケースの中にいるハキリアリたちは、特殊な高性能録音装置を介して、平穏な状況であるにもかかわらず、「キュキュキュ」「キュンキュンギョギョ」などと忙しく音を発している。

何を言っているのかはまったくわからなかったけれど、明らかに個体間で応答をしている。それは、ドリトル先生のような特殊な耳がなければ聞き取れないというものではない。誰が聴いても「しゃべっている！」と感じるであろう音なのだ。

これは本当に〝ヤバい世界〟を覗いてしまったと思った。これまで僕は、ハキリアリを含むキノコアリの菌食行動などについて進化をテーマに研究をしてきた。コミュニケーションの度合いだって進化段階、社会の複雑性に合わせて変わっていくということは十分に考えられる。また、音によるコミュニケーションは人間社会にも応用ができる。研究テーマとして、これは、とてつもなくおもしろい！　この〝ヤバい世界〟に足を踏み込まない理由はなかった。

アリは何をしゃべっているのか？

アリが何をしゃべっているのか、というのを解析し、辞書にするのは簡単ではない。そのあまりにも地味な作業についてはのちほどお話しするとして、おそらく、みなさんがいちばん気になるのは、アリは何を、なんのためにしゃべっているか？ということだろう。

音をコミュニケーション手段として使う生き物は、珍しくはない。昆虫だとキリギリスやコオロギのオスはなわばりを知らせたり、ケンカのときに威嚇したり、メスを誘うために鳴く。セミも鳴く目的はほぼ同じだ。

また最近、カブトムシの幼虫が音でコミュニケーションをとっていることが明らかになっている。カブトムシの幼虫は、地中の腐葉土の中に蛹室という小さな部屋を作り蛹になる。その蛹室は崩れやすいため、中にいる蛹はほかの幼虫が蛹室に近づくと背中を壁に打ちつけて振動をさせ、近づかせないようにしているという。

では、ハキリアリはどうかというと、じつはまだ未発表論文なので、ここで詳しくは説明できない。申し訳ない。ただ、みなさんが思っている以上に多様な音を発しているということは知っておいてほしい。

ちらっとごく一部を説明すると、好きな葉っぱを切っているときの音とあまり好きではない葉を切っているときの音は、解析するまでもなくまったく違う音であった。これはその後に音素解析をしても、まったく異なる音として判別された。

つまり、「この葉っぱはいい」という声が聞かれると働きアリは集合し、「この葉っぱはイマイチ」と言われると別のところに移動をする、というような機能があると考えられる。

発音器官は「腹柄節」

あまりにも小さいので聞き取れないだけで、ハキリアリに限らず、多くのアリは音を出している。どこを使って音を出しているのかというと、「腹柄節（ふくへいせつ）」だ。ちなみに、アリはどこで音を聞いているのかというと、脚と触角に耳（基質振動と空気振動を受容する器官）がある。

頭部・胸部・腹部に分かれているのが昆虫の基本的な定義だけれど、アリはさらに進化していて胸と腹部の間にもう1節ある。それが腹柄節だ。昆虫の中で腹柄節をもつのはアリだけ。すべてのアリに腹柄節はあるが、1つしかないアリと2つもっているアリがいる。

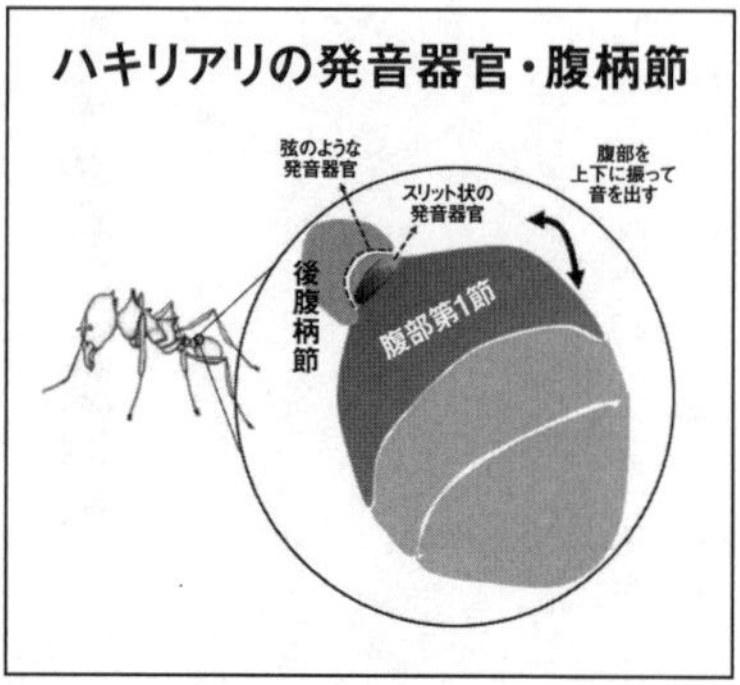

ハキリアリの発音器官・腹柄節

後腹柄節の末端が弦、腹部の第1節に楽器のギロのような構造。こすりあわせて音を出す

そのため、腹柄節はアリの大きな特徴でもあり、同時にアリの種類を大まかに判別するときにも、重要なポイントになる。

以前、研究室でアリTシャツを作ったとき、デザインを頼んだ学生が腹柄節を描き忘れていたので指導をしたことがある（その後も、「脚が違う！」などとデザイン案に3回ダメ出しをして、かなり嫌がられてしまった）。アリの絵を描くときにこの腹柄節を描くとがぜん、〝アリっぽく〟なるので、ぜひ、覚えておいてもらいたい。

ハキリアリには腹柄節が2つあり、その後ろのほうの腹柄節（後腹柄節）の一部は弦のような形になっている。そして腹部第1節のところに洗濯板のような、もしくは「ギロ」と呼ばれる打楽器のようなスリットの入った構造があり、そこを意図的にこすり合わせて、カリカリカリカリカリ、カリカリカリカリカリと音を出す。そして、こすり合わせる早さなどで、音質を変えているのだと思われる。

アリの中で音を出すのはフタフシアリやハリアリの仲間だ。その中で1種だけ、腹柄節ではなく違った方法で音を発するアリがいる。オーストラリアに生息する、「アカツキアリ」だ。アリがハチと分かれた白亜紀時代の琥珀から見つかった原始のアリ（アケボノアリ）ともっとも似通った特徴をもつため、現存するもっとも祖先に近いアリだとされている。このアカツキアリだけはどうやら、背側ではなく腹側に発音器官があるらしい。以前、オーストラリアで直接音までは録音している。あとは発音器官をきちんと電子顕微鏡で撮影するだけだ。

地道でつらいアリの音声解析

辞書もなければ文法書のない言葉を研究するとき、言語学者は現地に入り、その言葉を話す人たちと交流をし、ひとつの言葉に対し意味を類推し、仮説を立てて、コミュニケーションをとりながら検証していくということをする。

僕がしていることも大きくは同じではあるが、相手はアリだ。人間ならば質問を投げかけることもできるが、こちらから声をかけても返事はなく、解析していくためには行動観察しかない。

まずはパナマで音をサンプリングする。生きているハキリアリを日本に持ち込むことはできないので、パナマにいる間に音を集めなくてはならない。使うのは、われわれのチームが開発した小型の高性能録音装置だ。大きさは15センチ四方という小型サイズながら超高性能。つくり自体はシンプルで、おそらく真似しようと思えばすぐにできてしまうので、詳細はトップシークレットにしている。

これと同じスペックのものをメーカーから購入しようと思うと、たとえばドイツ製のものだと３００万円もする。以前ＮＨＫの方とお仕事をしたときも、同じような録音装置を３００万円で作っておられた。しかも、巨大で研究室に据え置くタイプになってしまうか、ＮＨＫのものでも結構なサイズであったと記憶している。しかし、こちらは材料費約２万円。非常にリーズナブルに製作ができるので何台も作れ、しかも、小型化を実現できたためフィールドにも持っていける。

なぜ、そんなに安価に高性能なものを自作できたのかというと、日本が世界に誇るべき技術のおかげにほかならない。ドイツでは何十万円もする小型のコンデンサマイクが秋葉原に行けばなんと１２５円で売っている。日本に生まれてよかった。

その特殊な録音装置を飼育ケースにセットする。ケースの中にキノコ畑を再現して、ハキリアリを入れるとすぐにしゃべりだす。行動を観察しながら、そのときにどんな音を発しているのか、シチュエーションごとに録音しておくのだ。

そして、録音データを日本に戻ってきて解析する。ある行動をしているときに、「キュキュキュ」といったから、こういう意味だろうと記録をしていく。たとえば、アリをピンセットでつかんで押さえつけているとき、シリアルで埋めてみたとき、幼虫と一緒のとき、働きアリの数を変えたとき、などなど、そのときどきの条件と出てきた音を蓄積していく。

もちろん、これだけでは本当に行動と音がまちがいなくリンクしているのかわからない。また、あまりに僕の主観に過ぎる。そのため、音のデータを音声解析ソフトでいくつかの要素に分け測定する。たとえば、音のスパイクの数、フォルマントと呼ぶ倍音の周波数などだ。そして、その測定結果を統計処理して、偶然、たまたま出た音ではなく、状況によって有意に異なっているかどうかを確認していくのだ。

音声解析ソフトで状況ごとに同じ音が発せられているかどうかは、デジタルで分析できる。が、どういう状況でその音が発せられたのかなど、最初のグループ分けはどうしても人力で道筋をつけなくてはならない。ある程度、辞書のようなものができてくれば、ＡＩ

やディープラーニング的なもので自動解析ができるかもしれないが、まずは行動や刺激と音を結びつかせる作業が必要で、それは人がやるしかない。

しかも、いちばん最初の聞き取る段階では人によって判断のズレが出てしまうので、ひととおり同じ人が行う必要がある。誰がやるの?といえば、当然、僕になる。

アリ語で寝言を言う

ひとり、大学の研究室や自宅の書斎にこもって、録音してきた音を聞き続けた。このシチュエーションで出てきた「キャ」は何回、このときの「キュキュ」は何回、「ギー」は何回と、「正」の文字を書いていく。単純作業で大変だ。決して楽しい作業ではない。

あるコロニーでは、15分で7000回もしゃべっているアリがいて、心の底から「かんべんしてくれ」と思った。その15分の解析だけで1か月かかってしまった。ハキリアリが意味のないおしゃべりをしているかどうかはまだわからないけれど、さすがに7000回もしゃべる個体については「本当にお前、意味のあることしゃべってるのか?」「そんなにしゃべらんくてもいいんじゃないの?」とぼやきたくなった。解析する身にもなってくれと。

そんなことを夜中、ひとりでやっているとやっぱりおかしくなってくるのかもしれない。あるとき、自宅で作業をしていて、寝落ちしてしまったことがあった。娘が「お父さん」と起こそうとしたとき、寝ぼけながら「キュキュキュキュ、キャキャキャキャ」と答えてしまったらしい。

「お父さん、起きて！　アリ語をしゃべってるよ」

娘のその言葉ではっと目が覚めた。だいぶ、あちらの世界に引っ張られていたようだ。危ない危ない。そのような苦労を経て、たとえばアリのサイズごと、カーストごと、種ごとの特徴が見えてきている。重ねてお詫びをするが、詳細は現在論文執筆中なので書けない。いずれ詳細を公表できるときがくるだろう。それまで待っていてほしい。

ハキリアリと腹を割って話そうじゃないか

ハキリアリは僕にとっては興味深い研究対象であり、好きなアリベスト3を選べと言われたら、必ずランクインするアリである。しかし、じつは中南米の国々では史上最悪の農業害虫になっている。

ハキリアリは森林のギャップ地――林のフチや草地など比較的開けた環境にも巣を作る。その近接地が人間によって開墾され畑になれば、ハキリアリは森に生えている野生の植物よりも、人間が育てる農作物のほうを好んで食べる。虫に食べられないよう防御体制を整えている野生の植物よりも、人間の畑に育つ植物のほうが柔らかくて刈りやすいのだろう。

オレンジやコーヒーの葉、野菜の葉を切り刻むなどして農作物をダメにしてしまうほか、地下に作られた巨大な巣に農作業中のトラクターが落ちて、運転手が死亡する事故が起きたり、家屋が倒壊してしまったり。ハキリアリの落とし穴のせいで、ハイウェーが陥没してしまったこともあるという。

ブラジルでは国家予算の10％がハキリアリ対策に費やされているともいわれる。少々古いデータだが、２００３年には年間１万２０００トンの殺虫剤が散布され、その殺虫剤の購入費だけでも４００億円にものぼるという。殺虫剤が環境に与える影響は甚大であろう。ハキリアリを駆除する目的で自然環境を破壊していては本末転倒も甚(はなは)だしい。

そこで。僕が考えているのが音を使った防除だ。

音声でハキリアリを防除できないか。ハキリアリの音声コミュニケーションは、僕の想像をはるかに超えて豊かで複雑なものであった。これを利用しない手はない。つまり、リアルドリトル先生になろうということだ。

パナマではこれまでにプレイバック実験といって、録音した音を聞かせて行動が変わるかを実験している。たとえば、あまり好きではない葉の下にスピーカーを置いて、好きな葉っぱを切っているときの音、「これはいい葉っぱだぞ！」というのを聞かせることで、ハキリアリが近づいてくるかどうかをずいぶん長時間、録音・録画している。

あるいは、敵対するアリ、たとえばパラポネラが発する音を行進中の働きアリや巣の入り口の門番アリに聞かせることで、アリの行動がどこまで変化するのかも記録している。

これまでの研究も順調にデータが集まりつつある。ハキリアリと会話をするまで、もうひと息だ。ハキリアリと会話をして、「こっちに来ないでくれ！」みたいな駆除が可能かというと、現段階で100％できるとは言いきれない。しかし、僕は可能性がある以上、研究・実験を重ねていく。期待して待っていてほしい。

そしてもうひとつ、僕にはこの研究のゴールがある。それは「アリリンガル」の開発だ。

2000年代の初めに犬や猫の気持ちがわかる「バウリンガル」「ミャウリンガル」が話題になった（バウリンガルはイグノーベル賞を受賞している）。ハキリアリの言葉の解析が進めば、ほかの日本のアリとも会話をすることもできるのではないかと考えている。

初期のバウリンガルは小型のゲーム機のようなものだったが、いまだったら、スマホ用の「アリリンガル」アプリも可能だろう。アリの行列に付属の小型スピーカーと集音器を置いて、食料を集めているアリとおしゃべりをする。アリたちは何をしゃべってくれるだろうか？　石をめくってそっとアリリンガルを置いてみるのも楽しそうだ。幼虫の世話をしているとき、アリたちは一体どういった会話をしているのか？

あるいは、中南米では葉っぱを切っている働きアリに「庭の葉っぱを刈って！」とお願いすることができる、かもしれない。

もし、ハキリアリと会話することができたら、僕には聞いてみたいことがたくさんある。みなさんはどんなことを聞いてみたいだろうか？

コラム❸「黒い絨毯」の真ん中で

幸せ（？）なパナマの最終日

グンタイアリのお食事シーンを見たことがあるだろうか？ 見たことがある人はあまりいないかもしれない。もちろん僕は何度もある。しかも、間近で。というか、グンタイアリに囲まれて。

パナマでの調査は毎回、スケジュールが非常に立て込んでいて、いくら魅力的なグンタイアリやアカシアアント、アギトアリ、ハシリハリアリ、パラポネラにナベブタアリがそこらへんをウロウロしていようと、よそ見をするわけにはいかない。集中してデータを取る日々である。ようやくすべてのデータを取り終え、荷物のパッキングも目処がついた帰国前の1日、もしくは2日が、キノコアリ・ハキリアリ以外のアリを愛でる数少ない時間となる。

写真はまったく得意ではないが、愛機オリンパスのOM-3を握りしめて、いつもよりは軽装で森に入る。余裕をもって森を眺められるのは、本当に素敵で贅沢な時間だ。

そんな帰国前のひととき、たまたまバーチェルグンタイアリのお食事タイムに出くわしたことがある。キノコアリの調査中になんども出会いながら、いつも気になりつつスルーしていたが、今日は思いっきり撮影して行動の観察もしよう。

が、軽装過ぎた。足元はサンダル。短パンに半袖Tシャツで、100万個体のひしめくまさに「黒い絨毯」となっているグンタイアリの大集団に乗り込んでいってしまった。それがどんな悲劇になるのか、そのときはあまり想像できていなかった。

お食事タイムに現れた哺乳類に興奮したグンタイアリたちは、どんどん攻め立ててくる。大鎌のような大アゴをもった兵隊アリに咬まれ、刺され、小型の働きアリさえも毒針で刺してくる。ヤバイ、ヤバイ、ヤバイ！　慌てて写真も撮らずに逃げ出すが、アリたちにあっという間に囲まれ、抜け出すためには数十メートル走らなくてはならない。逃げている間も攻撃は受け続け、まさにほうほうの体で抜け出せた。良い子は絶対に真似しないように！

言い訳ではないが、調査研究のときは、ちゃんと頭に手ぬぐいを巻き、長袖長ズボン、安全靴という完全防備で臨んでいる。しかし、このときは、調査を終えた安心感から、油断してしまった。一瞬の気の緩みが大変なことになるのだ。

〝想定外〟なのがフィールドワーク

ただ、フィールドに出る研究者は、多かれ少なかれ、こうしたエピソードをもっている。

稀代（きだい）の「アリ屋さん」でフィールドワークの達人、島田拓さんですら、沖縄で超絶珍しい新種のムカシアリを見つけて興奮し、崖から落ちて結構なケガをしたという。研究者・フィールドワーカー内では「あるある」話といっていい。

　北大時代の後輩の話もすさまじい。彼はヒグマの行動を研究していた。ヒグマの行動を追うためには、当時はテレメトリーという発信機を取りつけ、受信機で信号を受信し、距離と方角を日々地図上に落とし込んでいくという地道な作業が必要であった。ヒグマの行動範囲はとても広く、1か月で数十キロの圏内をウロウロする。

　後輩は、夏の間、森にこもり、ヒグマを追いかけ回っていた。持ち運べる食料には限りがあり、ヒグマは移動しまくる。夏が終わり札幌に戻ってきた彼は、栄養失調になってしまい、爪がボロボロに剝(は)がれほとんどなくなってしまっていた。体の末端にある爪には栄養が届きにくく栄養状態が顕著に出るというが、爪がなくなるとは知らなかった。フィールドワークというのはときにそこまで人を追い詰めるのだが、それでもやはり魅力的なのだ。

　これもまた後輩の話だが、彼は羊蹄山(ようていざん)でリスの研究をしていた。1年目は順調に数十個体のリスを確認した。データとしては十分だ。2年目も同じくらいデータが取れれば、立派な修士論文になる。期待に胸を膨らませて2年目の羊蹄山に長期調査に赴いていった。が、数か月後、彼はしょんぼりして戻ってきた。

「どうしたの？」

「羊蹄山の管理人が飼っていた犬がリスを食べちゃったみたいで、全然リスがいなくなってしまっていたんです」

聞けば、2年目のデータはたったの2個体……。フィールドワークをするものとしては、顔が青ざめる話だ。いろんなことが起こるものだ。みなさんも素晴らしい研究成果の裏にはこういった苦労が隠されていることをぜひ知っておいていただきたい。

観察対象がなくなってしまうことは、決して珍しいことではない。僕だって経験している。北海道で調査をしていたカドフシアリの生息地。10メートル四方に50コロニー以上生息している夢のような場所があったのだが、ある年あっという間に森が伐採され、調査が継続できなくなった。師匠の世界的業績であるエゾアカヤマアリのスーパーコロニーがある石狩浜もすっかり開発されて、スーパーコロニーは消滅している。

天候、環境変動、天敵、開発……、ありのままの生態を観察するのがフィールドワークであり、何が起こるかわからないのが調査の醍醐味(だいごみ)であるが、まさか、「山小屋の管理人さんの犬」がリスクになるとは誰も予測はできなかった(ただし、大きな声で指摘はできない。山小屋のお仕事は大変なのだ。また100%犬が食べたかどうかも明らかではない。もしかすると自然減という可能性も完全には否定できない。調査のよもやま話とご理解ください)。

後輩がその後どのように修士論文を完成させたのかは、かなりワイルドな展開なので割愛させていただきたい。ここで知ってもらいたいのは、僕らは常に予想もつかないリスクと隣り合わせだということだ。リスク込みで研究を愛するすべての研究者に最大限の賛辞を送りたい。とりあえず僕はサンダル・半袖・短パンで熱帯雨林に突撃しないことをここに誓います。

第4章　男はつらいよ…アリの繁殖

働きアリはなぜ、メスばかり？

アリの世界は女系社会。女王が卵を産み、それ以外の労働は働きアリが担当する。働きアリはすべてメス。オスの役割は祖先的な形質を残したものから、複雑な社会をもつものまで、まったく一緒。女王アリと交尾をする、このただ一点に特化している。つまり、オスは精子の運び屋である。

それでも、オスは交尾をすることができれば自分の遺伝子を次の世代に残すことができる。しかし、働きアリは働くだけ働いて、自分の子孫を残すことなく死んでいく。

かのダーウィンも働きアリの存在には悩んだ。自らの遺伝子を残すために生物は進化し、そうでない性質をもつ個体は世代を経るにしたがい徐々に数を減らす。ゆえに、その性質は長いスパンで考えれば消えていく、というのがダーウィンの進化論の骨子だ。

にもかかわらず、自分の子孫を残さない働きアリが存在し続けるのは、ダーウィンの進化論が成立しないことを意味していた。この謎を解明したのは、ダーウィンと同じイギリス人の進化学者ウィリアム・ドナルド・ハミルトン博士だ。

ダーウィンの進化論が提起された名著『種の起源』の出版からちょうど105年がたっ

た1964年。ハミルトン青年は有名雑誌からリジェクトされ、行き場をなくした博士論文の要約をとある雑誌に取り急ぎ投稿した。大学に職が決まりかけていたので、是が非でも博士号を取得しなくてはならなかったのだ。学術雑誌の〝格〟など贅沢はいっていられなかった。自分では大発見だと思ったのだが、有名雑誌のレフェリーからはまったく理解されなかったのだから仕方がない。

しかし、このハミルトン青年が1964年に発表した論文こそ、ダーウィンの悩みをあざやかに解決し、「真社会性（しん）」という概念を生み出し、のちの社会生物学を発展させるきっかけとなる、まさに金字塔であった。

ハミルトン博士の主張はこうだ。生物を個体でとらえてしまうと、確かに働きアリの存在は進化論では説明できない。しかし、アリを遺伝子の運び屋とみなしてみるとどうだろう。

アリは性別を決める仕組みが人間とはまったく違う。アリの場合、女王アリの「卵巣小管」という管から卵が降りてきたとき、「貯精のう」に蓄えられていた精子がふりかかって受精したらメスになる。つまりアリのメスは、普通の二倍体（父方から1セットと母方から1セット、合計2セットの染色体をもつ）だ。精子がふりかからず受精しないまま

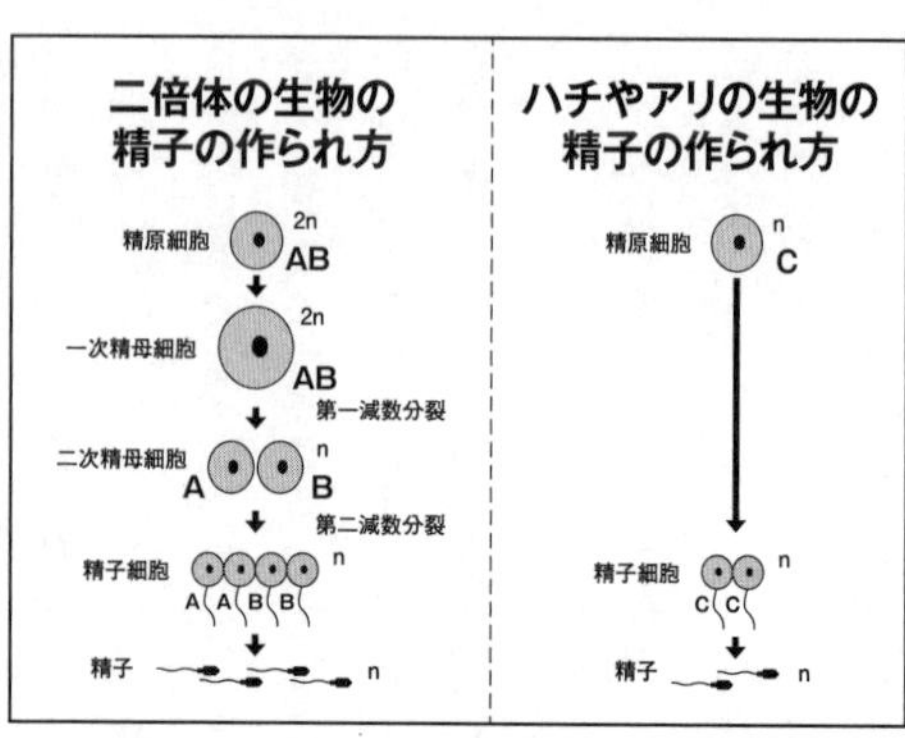

卵子や精子を作るときに起こるのが「減数分裂」で、染色体の数が半分になる。二倍体（2n）であれば、減数分裂でできた精子は半分（n）の遺伝子量をもつ。一方、アリやハチなど単数体の生物（n）は、精子のもとである「精原細胞」から減数分裂をせずに単数体の精子を作ることができる

（未受精卵）だとオスが生まれてくる。なんという単純な仕組みだろうか！

では、オスはどうやって精子を作るのか？　単数体の精原細胞から減数分裂（生殖細胞ができるときの細胞分裂で染色体が分裂前の半分になる）して精子を作ると、次は1／2倍体となってどんどん遺伝子量が減ってしまうのでは？と思うかもしれない。心配ご無用。オスの精原細胞は減数分裂をせず、体細胞分裂で、単数体の精原細胞から単数体の精子を作ることができるのだ。つまり、オスが作る精子は遺伝情報が減ることなく、100％同じ遺伝子情報を次の世代に伝えることができる。一方でメスは人間と一緒で二倍体の卵原細胞が減数分裂で半分になり、卵子となる。母親から娘へと伝わる遺伝子量は50％となるのだ。

ここの違いがミソとなる。

じつは利己的な働きアリ

その生物の遺伝要素がどれくらい似かよっているのかを表すものに、「平均血縁度」というものがある。たとえば、母親からクローン繁殖で生まれた個体は、平均血縁度が1となる。まったく血のつながらない個体で集団を作っているテントウムシの越冬集団は、平均血縁度が0だ。人間の場合はというと、親子間の平均血縁度は0・5となる。

人間などの哺乳類や鳥類などでは、たとえば母（AB）と父（CD）から子どもが生まれた場合、精子と卵子の組み合わせは（AC）（AD）（BC）（BD）となる。もし自分が（AC）という個体だったとして、兄弟姉妹には100%遺伝情報が一致する（AC）、50%一致する（AD）（BC）、まったく一致しない0%（BD）の4とおりの組み合わせが考えられる。その平均を計算すると（100＋50＋50＋0）÷4で50%。つまり、平均血縁度0・5だ。

次にアリの平均血縁度を見てみよう。女王（AB）とオス（C）という同じ親から生ま

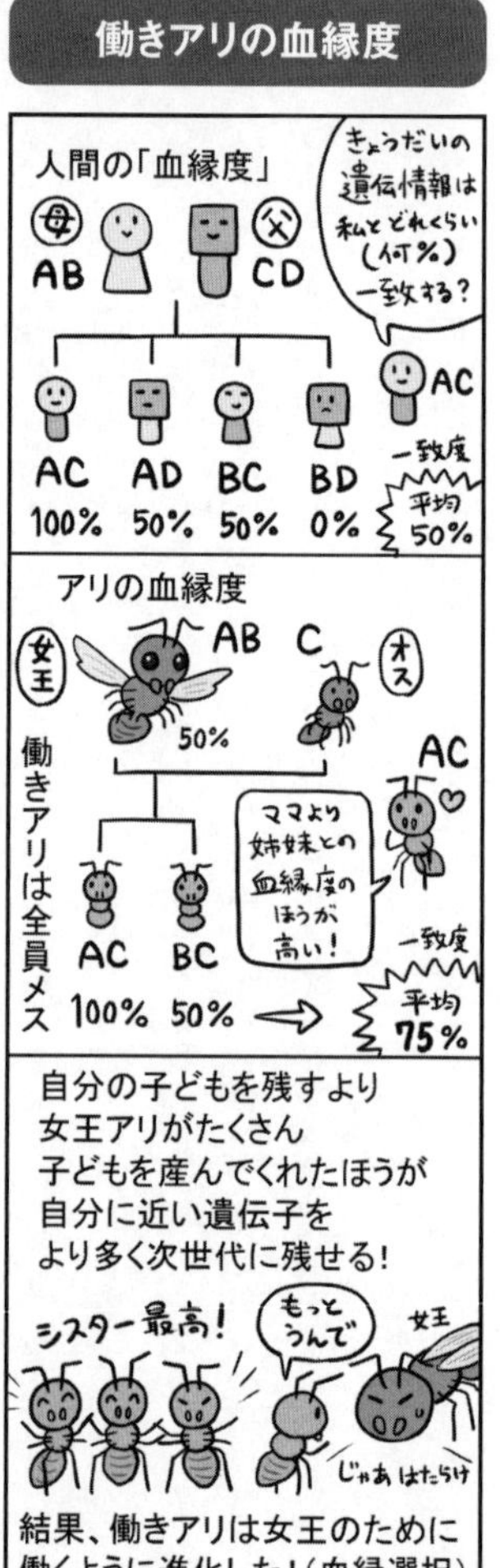

れた姉妹の遺伝子の組み合わせは（ＡＣ）（ＢＣ）の2とおりしかない。自分が（ＡＣ）だとして、自分と遺伝子が１００％一致するもの（ＡＣ）と、50％一致するもの（ＢＣ）がいて、この平均値は（１００＋50）÷2で75％。平均血縁度は０・75だ。

アリの場合、姉妹間の血縁度は０・75だが、女王アリと娘では０・5だ。つまり、自分の親や子より姉妹のほうが、血縁度が高くなってしまうのだ！

これに気がついたハミルトン博士。おそらく、こう叫んだだろう。

「ヘウレーカ！（われ発見せり！）」

つまり、アリの場合（そしてハチも）、自分の子どもを残すよりも、自分の母親である女王アリがたくさん子どもを生んで、（自分の）姉妹がたくさん増えたほうが、自分に近い遺伝子をより多く次の世代に送り出すことができる。結果として、働きアリは自分の子どもを生むのではなく、女王のために働くように進化する。これを「血縁選択」とハミルトン博士は名づけた。コロニーの血縁度を保つために、働きアリはにおい物質による個体の識別を厳密に行なっている。

ちなみに、子どもがオスの場合。オスアリはメスの半分しか遺伝子をもたないため、女王（AB）から生まれるオスアリは（A）か（B）となる。

働きアリは女王アリに献身的に尽くしているように見てしまうけれど、本当は自分の遺伝子を残すための行動。意外と利己的だったりもするのだ。

そんな働きアリはオスが大嫌い（観察しているとどうしてもそのように見えてしまう）。彼女たちにしてみたら、オスアリはまったく働かないタダメシグイのヒモ男。これほどまでに究極のヒモもいないだろう。オスアリは結婚飛行で飛び立つまでは自分でエサは採れない、子どもの世話もしない、掃除もできない、留守番もできない……。なんのために存在しているの⁉と働きアリが思ってしまっても致し方のないことなのだ。

働きアリは頻繁にオスをつついたり、ときには、ボーッとしているオスアリの翅をちぎろうとする。オスアリは巣の中を逃げ回りながら、1か月弱くらい働きアリのお世話になって飛ぶための栄養を蓄える。分業をつき詰めた結果なのかもしれないが、いじめられているオスアリを見るたびに僕は「ああ、アリのオスに生まれなくてよかった」、と少しせつない気持ちで顕微鏡から目を離す。

翅のない女王アリ

おもしろい発生様式をもつのが、僕が日本国内で研究対象としていた「カドフシアリ」だ。コロニーサイズは小さく、働きアリはだいたい30個体前後で、その行動範囲も狭い。

カドフシアリは日本全国の比較的豊かな森の中に分布している。とあるテレビ番組で、僕の友達で稀代の「アリ屋さん」島田拓さんが東京のど真ん中の自然公園でカドフシアリを見つけて心底びっくりしたことがあるが、基本的には森の中にいる。

そのカドフシアリ。北海道や高山地帯に生息するカドフシアリの中には翅のない女王が出現することがある。翅をもたず、見た目は働きアリとそっくり。けれど、繁殖という女王アリの役割を果たす。これを、「中間型女王」という。

北海道でこのアリを調査したところ、苫小牧（とまこまい）より千歳、千歳より札幌と、北に行けば行くほど中間型女王の出現率が上がることがわかった（札幌では１００％中間型女王が発生する）。

翅をもたない中間型女王は、結婚飛行に飛び立つことができない。どうやってオスと出会うのかというと、巣の入り口でフェロモンを出しオスを誘って交尾をする。その後、生まれ育った巣に戻って冬を越し、次の春、３個体ほどの働きアリを連れて〝実家〟を出て、新しい巣を作る。寒い地域で巣を作る場所も限られるなか、狭い範囲で確実に生息範囲を広げることができる戦略だ。

結婚飛行は広く分布ができ、ほかの女王アリの作るコロニーとの競合を避けられるというメリットがある。が、結婚飛行はまさに風まかせ。鳥やクモなどの敵に捕食されるリスクも大きい。たまたまうまく敵の襲撃を逃れても、たどり着いた場所がまったく巣を作るのに適さない場所であったら万事休すだ。

その点、巣から離れずにオスを呼び寄せ、交尾後は実家で親のスネをかじり、実家を出るときも乳母である働きアリを連れて巣を作ることができれば、単独の巣作りという、もっとも過酷で危険なサバイバルを避けることができる。リスクは取るな、の精神だ。
中間型女王はハリアリなど祖先的特徴をよく残したアリによく見られるが、カドフシアリという比較的複雑な構造をもったアリでも出現するのは驚きだった。僕の研究室の先輩が発見し、それを代々引き継いで研究のバトンをリレーしていった。なぜ、中間型女王が発生するのか、僕もいくつかの操作実験を行った。

まずひとつは気温。翅のある女王アリと中間型女王アリのコロニーをそれぞれ20コロニー用意する。それぞれ、10コロニーを5℃、もう10コロニーを20℃の環境下で飼育して観察をした。

低温環境下の有翅女王アリのコロニーでは、有翅メスも生まれたが、中間型女王が多数出現した。やはり、寒さが中間型女王の発生に大きく影響しているようだ。もちろん、中間型女王のコロニーでは中間型女王しか生まれてこなかった。

続いて、同じように有翅女王アリと中間型女王アリのコロニーを2つに分け、今度は、それぞれ、「繁殖アリ+働きアリ」「働きアリのみ」のグループに分けてみた。

結果というと、有翅女王アリのコロニーはどちらも、有翅新女王アリとオスと働きアリが出現したのだが、中間型女王アリのコロニーでは、繁殖アリがいるグループからは女王

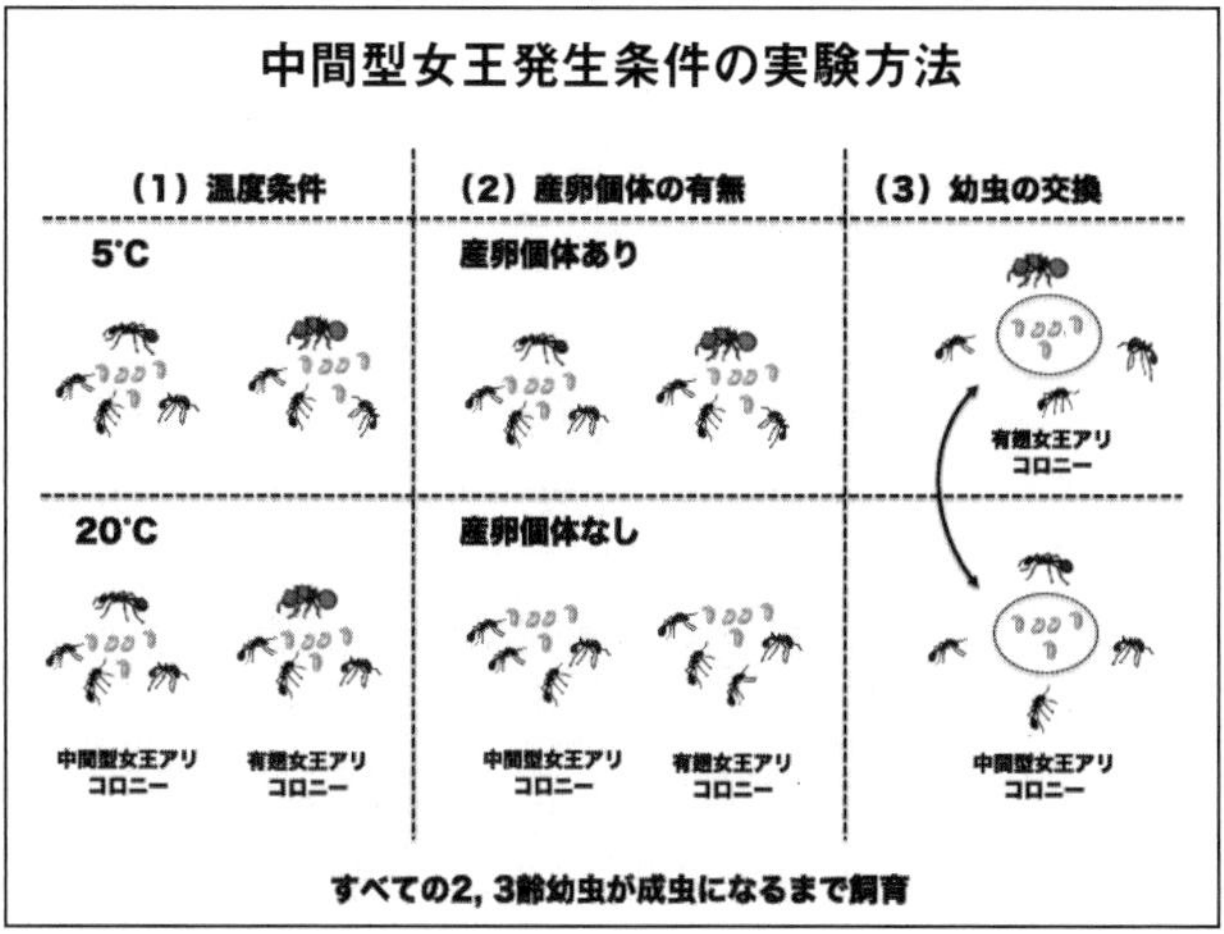

中間型女王発生条件の実験方法

（1）温度条件	（2）産卵個体の有無	（3）幼虫の交換
5℃	産卵個体あり	有翅女王アリ コロニー
20℃	産卵個体なし	中間型女王アリ コロニー
中間型女王アリ コロニー　有翅女王アリ コロニー	中間型女王アリ コロニー　有翅女王アリ コロニー	

すべての2，3齢幼虫が成虫になるまで飼育

アリは出現せず、みな働きアリとなった。

最後に、有翅女王アリのコロニーで生まれた幼虫と、中間型女王アリのコロニーで生まれた幼虫を交換してみた。「ばくりっこ」実験と僕らは呼んでいた（北海道弁で交換のことを「ばくりっこ」という）。

幼虫を交換してすぐ、働きアリたちは何個体か連続して幼虫を巣から運び出して捨てに行ってしまった。これはしまった、病気でも発生したか、と思って真っ青になったが仕方がない。辛抱して飼育し続けデータを取った。数年間、このデータは机の中にしまい込んで、心の中で反芻するにとどめておいた。

しかしあるとき、よくよくデータを見て

みると、生まれてきた子どもたちがすべて働きアリになっているではないか！　そうか、カドフシアリの働きアリは、そもそも幼虫の段階で繁殖個体になるかどうかが判別できていて、別コロニーの繁殖個体になるであろう幼虫だけ巧妙に排除していたのだ。そして、働きアリだけ成長させて労働力として一緒に働いてもらうという、したたかな戦略をとっていたのだ。データとにらめっこしていると、ときに数年経てからこういった発見があるから研究はおもしろい。

ミツバチは、働きバチが女王バチにしたい幼虫にローヤルゼリーという特殊な食料を与えることによって女王にしている。しかし、アリではどのように女王／働きアリの発生をコントロールしているのか、きちんと証明された研究は少ない。カドフシアリでの研究は後輩に受け継がれ、現在玉川大学にいる宮崎智史博士が詳細な発生プロセスの観察、発現する遺伝子の解析などを行っている。

カドフシアリの幼虫の運命は、蛹(さなぎ)になるギリギリまで変更することができることが徐々に明らかになってきた。これは低温や豪雪、少ない営巣場所、乏しい食料事情など環境の変化に即座に対応するためにカドフシアリが編み出したものなのかもしれない。

寒く、生存に厳しい地域に適応するため、カドフシアリは省エネ型の「中間型女王」という特殊な繁殖タイプを進化させた。カドフシアリはハキリアリに比べれば地味なアリだし、この結果を導き出すために費やした膨大な時間、ウルシにまみれ体じゅうかぶれて眠れぬ夜を過ごすような過酷なサンプリング、2000個体もの解剖、朝方4時5時までかけてアリたちの体重を測定し続けるなど、地味で手間のかかる研究ではあったけれど、得られた結果はエキサイティングであった。やはりアリの研究はなんでもおもしろい。

いざというとき働きアリはオスを産む

卵を産んで次の世代に遺伝子をつなぐ――。繁殖が女王アリに与えられたタスクだが、もし、なんらかの理由で女王アリがいなくなってしまったら？　働きアリは自分たちの遺伝子を残すことを諦めるしかないのか？　もちろん、そんなことはない。例外となる種もあるけれど（僕が研究しているハキリアリはその例外だ。ハキリアリは大量の働きアリが生み出され、彼女たちには卵巣がまったくない。そして、極端に短命だ）、一部の働きアリの卵巣が膨らみ、卵を産むようになる。これは、見れば見るほど不思議で神秘的だ。女王アリがどのように働きアリの卵巣発達を抑制しているのかはあまりよくわかっていないが、とにかく女王アリがいなくなると働きアリたちはいそいそと自分の卵を産む準備をする。

ただし、働きアリには卵巣はあっても精子を貯める「貯精のう」はない。したがって、できあがった卵を受精させることはできない。つまり、産まれてくる卵はすべて未受精卵で、オスになるよう運命づけられた卵だ。

つまり、働きアリだけの世界だとメス（女王アリや働きアリ）を生むことはできない。新たな働きアリを増やすことができないので、次第に巣はだんだんと小さくなり、いまいる働きアリの寿命が尽きたら巣はおしまいとなる。

働きアリたちは、最後の手段としてオスアリを作る。「自分たちの遺伝子を外に運び出してくれ」――そうやって働きアリの一縷(いちる)の望みを託されたオスアリたちは、けなげで美しく見える（これは完全に僕の偏見であることは認める）。とにもかくにも、できうることすべてを使って、アリたちは自分たちの遺伝子をより長く、より遠くに伝えようと必死なのだ。その姿をみるとやはり胸が熱くなる。

アミメアリのオスだけには

一方で、ものすごい繁殖のスタイルをもっているのが、東南アジアから東アジアに生息する「アミメアリ」だ。日本では本当にどこででも見ることができるアリだ。体をよく観察してみると網かけのようにシワが寄っているので「網目」アリ。体は小さく、体長は約2・5ミリ。黒色でやや艶（つや）がある。このアリの行動の特徴は、とにかく壁をつたって動くのがうまい。かなりツルツルした壁面でも平気で歩く。家の中にも簡単に侵入するので、一般家庭への侵入案件、苦情が多い種で、読者の中にも見たことがある人が多いと思う。

アミメアリは「ジャパニーズアーミーアント（日本のグンタイアリ）」とも呼ばれている。とはいえ、本場のグンタイアリのように手当たり次第に小動物を食べ散らかす、というような荒っぽい性質はまったくない。それどころか、動物質よりも蜜や樹液なんかを好むどちらかといえば「草食系」のアリだ。なのに、なぜアーミーなどと呼ばれているのか？それはやはり、かなり大きな集団を作ってあちこち放浪しているからにほかならない。

その集団は〝アーミー〟というわりにはかなり〝民主的〟であり、衝撃的だ。このアミメアリには女王がいない。女王がいないのに、どうやって繁殖するのか？

なんと、働きアリが卵を産んで、みんなで育てるのだ。アミメアリのこの特殊な繁殖方法を学生時代に知ったときは驚いたものだ。どうして女王アリがいなくなったのか？　働きアリが卵を産むのだから、アミメアリからはオスしか生まれないのでは？　などなど頭の中には疑問符が溢れた。

アミメアリの繁殖は、いわゆるクローン繁殖のひとつである「単為生殖」を行なっている。ちょっと難しい説明になるが、アミメアリの卵は受精をせず、1つの卵母細胞から減数分裂で1つの卵と3つの「極体」と呼ばれる小さな細胞が生じる。この極体の核と卵核が合体することで、二倍体の卵原細胞から二倍体の卵を作り出すことができると考えられている。これにより、母親働きアリと同じ遺伝子をもった娘働きアリが生まれるのだ。

なぜアミメアリでこんなに変わった発生様式が進化しているのか、じつはよくわかっていない。ただ、このような「民主的」で、「友愛的」に見えるアミメアリの社会だが、実態はというと結構、ギスギスしている。働きアリの中で産卵階級が生まれ、その個体はあまり働かないものもいるのだ。

ずいぶん不平等だ。産卵を担うと働かなくてもいいなんてことが許されると、この特徴はあっという間に集団の中に広がって、誰も働かなくなるのでは？と心配してしまう。現在進行形で研究が進んでいるということだが、もしかするとアミメアリの集団はこの「働かない裏切り者」によって崩壊してしまうかもしれない。

アミメアリの社会でもうひとつ恐ろしいことがある。それは、ごくごく稀にオスが生まれてくることがあるのだ。アミメアリは女王アリがおらず、働きアリが単為生殖でオスの精子なしでも繁殖ができる……のになんでオスが生まれてくるのか？

アミメアリのオスもほかのオスアリと同様、働きアリにいじめられながらも世話を受けて、さあ、いよいよ結婚飛行だ、ということになるのだろう。しかし、そこに結婚相手はいない。アミメアリのオスは、どこにもいない交尾相手を求めて飛び立つ。

もとより、どんなアリでもオスアリにとって結婚飛行は死出の旅ではあるけれど、アミメアリのオスは「自分の遺伝子を残せるかもしれない」というわずかな期待さえもなく、見つかるはずのない相手を探し、死ぬしかない。こんな絶望的な話があっていいのだろうか。

じつは、日本のとあるエリアには女王アリが生まれるアミメアリもいるそうなので、もしかすると、低い可能性とはいえ、有性生殖するためにオスが生まれる仕組みが残っていると考えられる。しかし、オスにしてみたらとんでもない話だ。交尾相手がほぼ見つからないのに、言い換えれば、唯一の存在意義も奪われながら、この世に生を享けるというのはかなり残酷ではないだろうか。

アミメアリのオスはなんのために生まれてくるのか？　この謎はまだ、解明されていない。彼らは飛びながら何を思うのか？　もし、自分がアミメアリのオスだったら……あまりに恐ろしい。この世に生を享けた以上、少しは役割を与えてほしいと思うのは人間だからだろうか。

「女王」の座の選び方

女王アリ（もしくは、誰が産卵するか）の決まり方も、またおもしろい。たとえば、オーストラリアに生息する「フトハリアリ」の仲間の産卵個体の決まり方は、僕の北海道大学時代の先輩で、現在、香川大学教授の伊藤文紀博士が発見したもので、非常に興味深いものだ。

このアリには、明確な女王アリが存在しない。年齢が上で、ケンカに強い個体が交尾をして産卵することができるという、いわばバトル・ロワイヤル方式を採用しているのだ。

もし、そのコロニー内の産卵個体がいなくなると、年長者の働きアリの間でバトルが勃発（ただし、バトルといってもニワトリのつつき合い程度。ニワトリもつつき合いで順位を決める。これを「つつきの順位」と呼ぶ）。勝ち残った1個体が卵巣を発達させ、卵を産むようになる。

さらに、変なフトハリアリがマレーシアで見つかっている。このフトハリアリにはちゃんと形態的に区別のつく女王アリが存在する。にもかかわらず、女王アリ、働きアリともに交尾をして精子を貯精のうに貯めることができる。おかしいのはここからで、女王アリがいるにもかかわらず、わざわざケンカをして勝った個体が産卵を担うのだ。そこには、女王アリも働きアリも関係ない。だったらなぜ、女王アリがいるのだろうか？　この論文は調査されたコロニー数が少なく、後追いの研究もされていないので真偽を確かめるのが難しい。アリの世界はまだまだわからないことだらけなのだ。

また、ある〝儀式〟を通過することで女王を選ぶアリがいる。沖縄に生息する「トゲオオハリアリ」だ。トゲオオハリアリの巣をどれほど一生懸命に覗いても、ほとんどの人は女王アリを見つけることはできない。女王アリも働きアリも、見かけではほとんど変わらないからだ。しかし、事情をよく知っている人、そして老眼ではない人には、産卵個体である「ゲマゲート（gamergate）」個体を見つけ出すことができるだろう。

その識別ポイントは胸部にある。トゲオオハリアリも札幌のカドフシアリ同様、どの個体も生まれながら翅をもつということはない。その代わりに翅が生えていたであろう場所に「ゲマ」という翅の痕跡器官が残っている。これが存在している個体が産卵個体なのだ。

生まれたばかりの個体は全員、ゲマをもっている。しかし、羽化するとすぐに、先輩働きアリから追いかけられ、つかまえられ、よってたかって脚をはがいじめにされて、ゲマをかじり取られてしまう。ときには産卵個体（女王アリ）がやってきてゲマをかじることもある。このゲマを失うと、繁殖することが許されない。つまり、交尾も卵を産むこともできなくなり、働きアリとなる。一方、ゲマをかじり取られることなく残せた個体は、産卵を担う女王アリとなる。

ゲマ切りの儀式は産まれてくる個体すべてに行われるので、トゲオオハリアリの巣の中はとても慌ただしい。新入りのゲマを取ろうと必死の働きアリは、せかせかと集まり、儀式に備えているようだ。ゲマを切り取った個体は、心なしかドヤ顔をしているように見えるし、ゲマを取られたばかりの個体は心なしかシュンとしているようにも見える（実際に、しばらく活動量が落ちる）。

この儀式が、先輩が後輩をいじめておとなしく集団に隷属させるために行なわれているのか、それとも集団で働きアリとして受け入れるための友好の儀式なのか、はっきりとはわからない。それにしても、ずいぶんと手間ひまをかけた方法を採用したものだと感心してしまう。

産卵個体になるアリ――ゲマを取られない個体をどう決めているかというと、それは、タイミング、だといわれている。なんらかの理由で巣の中に女王アリがいないとき、あるいは、女王アリの産卵能力が落ちているとき、ゲマを取られることなく女王になる。全員に女王になるチャンスが与えられるという意味では、トゲオオハリアリの世界は、アミメアリの世界よりはかなり民主的、なのかもしれない。

トゲオオハリアリは巣の中にいる全員が産む機能をもっているのだから、全員産めばいいじゃないか、と思うかもしれない。が、それはそれで問題が生じる。すべてのメスが別々のオスと交尾して卵を産んでしまうと、巣の中の血縁度は極端に下がってしまう。そうすると集団内での血縁識別行動（ケンカや幼虫の排除、産卵個体を殺してしまうなど）が激しくなってしまい、結局は特定の個体のみが産卵するようになってしまうのだ。

一般法則として語るにはちょっと例外が多いが、傾向として、環境の豊かな地域のアリは産卵個体が1個体で、交尾も1個体のオスとしかしないものが多い。つまり、血縁度を高くして強固な真社会性コロニーを維持する。僕が研究していたナワヨツボシオオアリがそのいい例だ（P40参照）。

それに対してより厳しい環境（低温、食料が限られている、巣を作る場所が少ないなど）だと、複数の女王アリがいて、それでも協力して子育てもするという種が多く出現する。

こういった特徴は、じつは侵略的外来アリのヒアリでも見られる。それについては、第6章で詳しくお話ししようと思う。

殺されても幸せなオス

ちなみに、トゲオオハリアリは交尾もすごい。トゲオオハリアリの産卵個体は、ゲマは残っているものの、翅がないので結婚飛行はしない。歩いて巣の外に出て、オスをフェロモンで誘引し、交尾をしたら、そのままオスと一緒に巣の中に戻ってくる（それもまたすごい光景だ）。

すると、働きアリがワサワサと集まってきて、交尾中のオスアリをみんなで咬(か)み切ってしまうのだ。最初に頭部がもがれ、脚や翅が切り取られ、胸部も取り外される。しかし、それでも腹部は離れることはない。残された腹部は、五体バラバラになってもピクピクと交尾行動を続けるのだ。その時間はなんと数時間にも及ぶという。なんという生命力！

残酷かもしれないが、ほとんどのオスが交尾することができず、数日の寿命を終えるわけで、最後、働きアリにバラバラにされる運命だとしても、交尾ができたオスは自分の遺伝子を確実に残すことができる。アミメアリのオスよりはまだ存在意義が明確で、救いがあるように思われる。しかしながら、改めて思うが、アリのオスにだけは生まれ変わらせないでほしいものだ。

オスがいなくなったアリ

オスが完全にいないアリもいる。比較的祖先形質をよく残したキノコアリの仲間で、イバラキノコアリ属の一種だ。僕の共同研究者であったテキサス大学教授のミュラー博士が、このアリを中南米でかなりの数（合計で２７０コロニー）採集しチェックしたのだが、オスを見つけることはできなかった。

また、多くのコロニーで複数の女王アリが産卵していることが確認されているが、その女王をいくら解剖してみても、貯精のうは空っぽ。つまり精子が貯蔵された痕跡がないのである。そして、働きアリの遺伝子を詳しく調べてみると、女王アリとほぼ同じ。つまりこれは、女王アリがオスと交尾することなく、単為生殖で働きアリと新女王を産んでいることを示している。

このキノコアリは祖先的なグループなのでキノコ畑は小さく（ただしムカシキノコアリよりは大きい。キノコ畑の数は最大15部屋になる場合もある）、働きアリの数も幼虫の数も少ない（だいたい100個体前後である）。キノコ部屋は5センチと小さく、キノコ畑も頼りないほど細く、細かくちぎったティッシュペーパーがぶらさがっているような感じのつくりをしている。

これらの祖先的な特徴をもったキノコアリたちは幼虫の世話をほとんどせず、ただキノコ畑に幼虫を埋めてほったらかしにしてしまうので、幼虫は勝手に口元に生えたキノコを食べる。キノコ畑は維持しなくてはならないので農作業はするけれど、子育てという重労働――真社会性生物でもっとも重要な仕事をまったくしないのだ。

オスアリを生まず、コロニーのメンバーはすべて無性生殖で増えていくので、そのコロニーの働きアリや女王アリの遺伝子はほぼ同じ構成になってしまう。つまり平均血縁度が１・０の世界だ。コロニーメンバー全員が自分の分身のようなもので、みんな仲良く暮らしていける――。

が、この世界、問題がないわけではない。このイバラキノコアリの世界では、遺伝的な多様性がほとんど失われてしまう。もし、何か大きな環境の変化が起こったとき、あるいは、何か強力な病原菌や共生菌を食い荒らす寄生菌が現れたときに十分対応できないかもしれない。それは、とても脆弱（ぜいじゃく）な社会だとも考えられる。

しかしながら、そうはいってもイバラキノコアリは祖先的、つまり系統樹ではいちばん早くに分岐し、その後もこの地球上に存在し続けている（推定分岐年代は５０００万年前だ）。つまり、われわれが考える遺伝的な多様性のほかにも、個体を守る、もしくは遺伝子を十全に次の世代に伝える技がこのアリには備わっていることを示している。

遺伝的多様性という戦略

イバラキノコアリと同じキノコアリで、もっとも複雑な社会をもち、大きなコロニーを作る、つまり分岐年代が最近の種であるハキリアリは、コロニーサイズが数百万個体、女王アリは4～10個体のオスと交尾をするので（これも極めて珍しく、通常はオス1個体と交尾するだけ）、コロニー内の平均血縁度はだいたい0・3～0・4程度と低くなる。そのため、ハキリアリのコロニー内では遺伝的な多様性が保たれる。

遺伝的な多様性が上がれば上がるほど、多種多様な細菌やウイルス、そして寄生性の生物（ハキリアリの巣の中には微生物だけではなく、ゴキブリ、甲虫、コオロギ、ヤスデなど30種を超える種が居候している。果てはカエルやヘビが卵を産みつけにくることすらある！）が入ってきても、病気になりにくくなる。巣を大きくしてもトラブルが大きくなりにくい。つまりは、より複雑で多機能な社会を実現できているといっていい。

2020年は疫病、新型コロナウイルスで地球上の人類はずいぶんと苦労をしている。遺伝的な多様性こそが、こうした疫病に打ち勝つひとつの生物の重要な戦略なのだ。

繁殖のシステムを見ても、やっぱりアリの世界は本当に想像をはるかに超えてくる。人間、いや哺乳類全体、鳥類や爬虫類、両生類を含めてもここまでは到達していない。まさに究極の進化形といっても過言ではないと思っている。

Y染色体をなくしたトゲネズミ

ここで、哺乳類の繁殖システムも見てみよう。哺乳類の生殖システムといえば、もちろん僕ら人間も含まれるので、感覚的にイメージしやすいかもしれない。でもじつは、哺乳類ですら繁殖システムに〝例外〟はある。

哺乳類は基本的には100％遺伝的に性別が決定されている。つまりX染色体を2本もてばメス、X染色体とY染色体を1本ずつもてばオスになる。ベースとなる体の構造は哺乳類の場合メスで、ほうっておけばすべての受精卵はメスになろうとする。それをY染色体上にある「SRY」という遺伝子が働くことによって、卵巣になる細胞を徐々に精巣へと誘導していく。しかし、物事には例外というのが必ずある。それが鹿児島県の奄美諸島の徳之島や奄美大島に生息する「トゲネズミ」だ。

この2島に生息するトゲネズミは染色体数がそれぞれ2n＝45（徳之島）、2n＝25（奄美大島）と奇数だ。あれ？　おかしいではないか。染色体は母親、父親から同じ数だけ配分されるのだから奇数になるなんておかしい。絶対に偶数になるはずではないか！と思われるかもしれない。しかしながら、これらのトゲネズミ、なんとY染色体をなくしてしまったのだ。原因はよくわかっていない。おそらく島嶼部で隔離されたため、遺伝的な交流が極端に減少したために生じた現象だと考えられる。

Y染色体をなくしたトゲネズミはどうやってオスを産み出しているのか？　その謎を解明したのが北海道大学の黒岩麻里博士のグループだ。トゲネズミの消えたY染色体には当然SRY遺伝子が乗っかっていたのだが、Y染色体がなくなった拍子にやはりなくなってしまった。その代わり、ほかの染色体にSRYとは違う「オス化を促すホルモンを作るよう指令する遺伝子」が移動し、ことなきを得ているのだ。

この貴重なY染色体の喪失、という現象は地球上の哺乳類の中でも限られた種でしか確認されていない。徳之島や奄美大島では開発やほかの哺乳類による食害で、トゲネズミが絶滅の危機に瀕している。地球上の貴重な現象を体現しているこのネズミを守っていく必要性は大きい。

そして、ここからこうも考えられないだろうか？　同じ哺乳類なら人間のY染色体だってなくなるんじゃないのか？と。オーストラリア人細胞生物学者のジェニファー・グレーブス博士は、それを数値ではじき出した。すると、なんと１４００万年後には哺乳類のＹ染色体がなくなってしまうという計算結果が出てしまった。これは大変だ！　しかし、ご安心ください。トゲネズミだって、オスとメスがきちんといるのだ。たとえＹ染色体がなくなったとしても、その代わりの仕組みを生物はなんとか模索して、命をつないでいくのである。

超ハイブリッド生物「カモノハシ」

もう一種、例外的な哺乳類の説明をしよう。オーストラリアに生息する「カモノハシ」だ。カモノハシはそもそもかなりおかしな生き物だ。「哺乳類」というのはお乳で子どもを育てるから「哺乳」という名前がつけられた。しかし、カモノハシはハリモグラと並んで希少な卵生で、哺乳類でありながら卵を産んで、卵から孵（かえ）った赤ちゃんにおっぱいをあげる。

なんだそれは！　卵というのはある程度栄養を十分に供給するためにあるのではないの

か⁉　せっかく卵を作って産んでおいて、卵から孵ってからお乳をあげているようでは、手間ばかりがかかるではないか！　カモノハシを見ていると、どうにも説明がつかないことばかりなのでついつい興奮してしまう。

このカモノハシ。性染色体もひと筋縄ではいかない。先ほど紹介したオーストラリア人細胞生物学者グレーブス博士らのグループが、２００４年に『ネイチャー』誌上で、とんでもない研究結果を発表したのだ。

カモノハシはＸ染色体を５本、Ｙ染色体を５本。合計10本の性染色体をもつ、というのだ。しかも、カモノハシのＹ染色体上にはＳＲＹ遺伝子が乗っていなかった。一体どうなってるのだ？

ＳＲＹ遺伝子の代わりに「ＤＭＲＴ１」という遺伝子がＹ染色体上に見つかったのだが、これはじつは鳥類の重要な性決定関連遺伝子だ。カモノハシといえばくちばしや水かき、そして卵を産むという鳥類に似た性質をもった哺乳類なのだが、性決定の仕組みまで鳥類と哺乳類のハイブリッド型なのだ。なんという生き物なのか……。

じつは性というのはものすごく自由で、いろいろなかたちがある。アリやトゲネズミ、カモノハシはそれを教えてくれる。しかし、僕らの認知システムというのは、たいして高機能ではない。あまりに突飛なことは理解が及ばず、固定観念に縛られてしまいがちだ。ここまでの説明を読んでも、すぐには理解・納得することは難しいかもしれない。しかし、現実の生き物の世界ではむしろ、オスとメスが遺伝的に１００％決まり、交尾によってのみ子孫を残すという鳥や哺乳類のほうが例外的なのだ。

人間の「プランB」は？

生物は遺伝以外に予備の繁殖方法を必ず用意している。たとえば、爬虫類ではカメやワニは温度で性が決まる。両生類でもエゾサンショウウオは温度で性が決まるし、ツチガエルは地域によってＸＸ／ＸＹ型、ＺＺ／ＺＷ型、性染色体をもたないタイプなど多様に分かれている。魚類にいたっては、遺伝的だったり、温度だったり、カクレクマノミのように集団のいちばん大きな個体がメスに性転換する種があれば、チョークバスのように１日に20回も性転換する種もある。

プラナリアやセンチュウ、カタツムリ、ミミズは精巣と卵巣をともにもつ雌雄同体だし、昆虫もアリだけを見ても、働きアリはオスを生むことができるし、アミメアリやイバラキノコアリのように単為生殖でメスを生み出すものもいる。

何かしら、ペアリングが失敗したときの「プランB」があるものなのだ。しかし、鳥類と哺乳類だけは、たったひとつの方法しかもっていない。ものすごくリスキーな性決定システムを採用してしまっている。僕なんかは、「ずいぶんと思い切ったことをしてしまったよなぁ」と思ってしまうのだけれど、それでいて、鳥も哺乳類もそれなりに長い間、地球上に存在し続けている。なんらかの大きなメリットがあるのだろうと推察するが、鳥類・哺乳類の性決定メカニズムも、じつは未解明の謎なのだ。

果たして、人間はどうだろう？　われわれも当然、哺乳類の一種だ。異様に脳を発達させ、さまざまな科学技術を進歩させてきた人間は、理論的にはクローン人間を作ることだって可能だ。テクノロジーで「プランB」を選択することができる、といえなくもない。やろうと思えば究極までつき進んでしまう可能性だってある。それを〝進化〟と呼べるかどうかは、かなり微妙ではあるけれど。みなさんはどう考えますか？

コラム❹ 〝ままならないこと〟は絶好の学びの機会

必死のカーチェイス

パナマでは予期せぬ出来事ばかりが起こる。それは決して、研究に関することだけではない。たとえば……。共同研究者である竹中工務店の宮田弘樹博士をクルマの助手席に乗せて、パイプラインロードと呼ばれる未舗装のダート道を攻めて、キノコアリやグンタイアリの豊富なフィールドに向かったときのことだ。「いた！」とお目当てのポイントで、早速いいサイズのハキリアリの巣を発見し、坂道の途中でクルマを停止。サイドブレーキを引いて、「ちょっとまずは下見してきます！」と隣に座る宮田さんに声をかけて飛び出した。

小走りでハキリアリの巣を確認しようとした瞬間、スミソニアン熱帯研究所所有のトヨタのランドクルーザーがスルスルと僕の脇を通り過ぎていく。助手席に宮田さんを乗せて。

クルマは徐々にスピードを増す。

「宮田さん、ブレーキ！　ブレーキ！」と叫ぶも、この190センチを超える偉丈夫の宮田さん、バイクでオーストラリアをブイブイ走り回っていたのにクルマの免許は持ってない！

（これはまずい。このまま行くと崖から谷に落ちちゃう）

必死で追いかける。坂道を下るトヨタのランクルは、まだ全力で走れば追いつくくらいだ。なんとか追いついて、運転席のドアを開けて飛び乗ったあたりで、恐怖とわが身の置かれた状況のおかしさに2人とも笑ってしまった。

笑いながらも運転席によじ登り（やったことがない人はわからないと思うが、走るクルマのドアを開けて、運転席に身をよじらせて登るときに必要な腹筋の力は尋常ではない）、ブレーキをなんとか踏んだ。宮田さんと顔を見合わせ、しばらくしてからまた状況のおかしさと、今度は安堵からドッと笑ってしまった。

ごめんよ、ウィンザーさん

それから、パナマから出国できなかったことも3回ある。1回目は学生時代の1997年、3か月の滞在を終えて帰国するときのことだった。パナマでは90日以上滞在するとき、ビザだけでなく、移民局で長期滞在と出国の許可をもらう必要がある。移民局で確かに許可証とハンコをもらっていたのだが、どうやら係の人がハンコをひとつ押し忘れていたらしい。さあ日本に帰るぞ！と出国審査に向かったのだが、出国審査官が冷酷にも「ハンコが1個足りない。イミグレーションで取り直してこい」と言い放った。たったひとつのハンコとはいえ出国は認められなかったのだ。

スーツケースは預けている。トランジットのロサンゼルスのホテルも予約した。そこからの乗り継ぎ便も予約している。全部どうするの？　大パニックだ。どうやったかはまったく覚えてないが、かなり強引にスーツケースを飛行機から奪い取り、そのままカウンターパートのウィンザー博士のところに転がり込んで、次の飛行機が来るまで4日間（パナマ～ロスは毎日就航するわけではない）泊めてもらい、その間に移民局に行き、航空券を取り直し、ロスのホテルも予約し直して……ああ、思い出したくもない。結局、ロスで日本行きの航空券の変更がされていなくて、泣きながら交渉したり……。まったく中南米は帰ってくるだけでもひと苦労だ。

2回目はアメリカ合衆国テキサス州オースティンに住んでいた2000年12月だ。アメリカはパナマから生きたアリを持ち込むことができるので、ダンボールいっぱいにキノコアリを詰め、ホクホクしながら帰途に。もちろん、持ち出しの許可は事前にもらっていたし、すでに検疫も通過。僕にとっては大切な「同乗者」のアリたちは、片ときも離さず一緒である。手はずは万全だった。が、搭乗ゲートで「何が入っているんだ？」と聞かれて、自信満々に、まるで自慢するかのごとく「アリです！」と答えたのがまずかった。この答えに係員は真顔になり、どこかに行ってしまった。

そして、戻ってきたかと思ったら、「機長が生きたアリを飛行機にのせるのは認められないと言っている」と搭乗拒否。許可証はあると言っても聞き入れてもらえず、ゲートの手前で追い返されて、このときも泣く泣く引き返して再びカウンターパートのところに転がり込んで2泊ほどさせてもらった。ごめんよ、ウィンザーさん。

海外でいろんな経験を

若かりし頃の自分にとっては、こうしたトラブルが、とんでもなく重大に感じられたものだ。でも、経験というのはすごいもので、いつしかそんな状況を楽しめるようになった。

2013年11月。パナマでの調査を終え、ガンボアという町から空港に向かうために頼んでいたタクシーの予約がうまく伝わらなかったおかげで、空港に着いたのがギリギリ出発直前だったことがある。飛行機の予約は自動キャンセルされており満席状態でお前らの席はない、と冷たく言い放たれた。どうにかしてくれ、と頼み込むと、3席はなんとか用意できるという。しかし、こちらは4人連れ。「僕、残りますよ」と言ってひとり、仲間が乗った飛行機を見送ったのだが、こうなると、もうなんだかこの状況がおかしくておかしくて、笑いながら手を振ったものだ。

トラブルを深刻に受けとめると落ち込みもするし、しんどくもなる。でも、客観的に自分を見ることで、ままならない状況のおかしさを噛みしめることができて、お得だ。

研究も海外での滞在も思いどおりにならないことばかりだ。トラブルに見舞われるたびに、日本の素晴らしさを思う。日本でサイドブレーキが壊れたクルマなど、そうそう走っていない。飛行機が航空会社の都合でキャンセルされたのに代替便の手配をしてくれない、なんてこともないし、列車が28時間遅れたり、バスが10時間遅れたりすることなんて、まずない。飛行機に早く来た人から順番に乗せちゃって、あとから来た正規に予約した僕らの席がなくなるということもない。日本では当たり前のことが、世界では当たり前ではない。

だからこそ、海外でいろんな経験をしたほうがいい。それは、トラブルも含めてだ。ままならないことを経験すると、外側から日本を見る目が鍛えられる。そして同時に、世界の「多様性」というのを、きちんと理解できる。それはまさに素晴らしい学びの機会なのだ。

第5章

働きアリの法則は本当か…アリの労働

「2：6：2」働きアリの法則は本当か？

イソップ寓話の『アリとキリギリス』のイメージが刷り込まれているのか、あるいは、その整然とした行軍が勤勉に映るのか、はたまた「働きアリ」という名前のためか、アリは働き者の代名詞のようにいわれる。また、日本人ビジネスマンは働きアリをたとえにして語るのが大好きだ。とくに、次の逸話がお気に入りだ。

勤勉なアリ、ときどき働くアリ、サボっているアリの割合は3分の1ずつで、3分の1はまったく働かない。そして、そのサボっているアリだけを集めると、それもまた、全体のバランスを見て、一生懸命働くヤツ、そこそこ働くヤツ、まったく働かないヤツに3分割される――。この働きアリの法則ネタは鉄板でウケるようで、いろいろなシーンで語られているのを見てきた。

こんなに働きアリの労働を尊ぶ国も珍しいのではないか？　欧米ではアリの研究者は尊敬されるが、働き者のアリ自体はそんなにリスペクトされていない。その昔、1990年代初頭、当時のフランス首相クレッソン氏が「日本人は黄色いアリ」と発言して物議を醸(かも)したが、当の日本人は、「ん、まあそれはそうかも」とあまりピンとこなかったものだ。

「働きアリの3分の1はナマケモノ」という逸話は、京都大学名誉教授で著名な動物行動学者である日高敏隆博士が数学者の森毅博士に何かの対談の折に話し、森氏があちこちでエッセイにしたことで、それが一般に広まったらしい。１９９０年代中頃に京都女子大学の中田兼介博士がホームページでその経緯を説明しており、かつ中田さんがその出典にあたってみたら、原典の論文が見つからなかったというオチで非常に驚いた記憶がある。

この印象的なトピックに科学のメスを入れたのは、北海道大学の長谷川英祐博士だ。長谷川博士は、「シワクシケアリ」というアリを対象に詳細な行動観察を行った。その結果、見事、よく働くアリは約20％、普通の労働量の個体は約60％、あまり働かないアリが約20％となった。また、よく働くアリを30個体、働かないアリを30個体取り出して、別の容器で飼育すると、やはりそれぞれのグループで働き者20％、ナマケモノ20％に分かれてしまうことも証明された。

全員が１００％の力で働いていると、何か突発的な状況が起きたとき、たとえば人間の子どもたちに巣を壊されたりしたとき、余剰の労働力がなくなってしまう。２割の働かないアリは予備軍的な役割を果たしている。僕たちの中でモヤモヤしていた逸話がきちんと立証され、その成果は『働かないアリに意義がある』（メディアファクトリー新書）として発表され、大ベストセラーになった。

その中で長谷川博士は、さらに興味深いデータを示している。たとえば、食料を探索しに出た個体のうち、何個体かはウロウロとそのへんを歩き回り、まったく見当違いのところを探し回るという。この働いているフリをしてサボっている個体にも、じつは意義があったのだ。

ランダムに存在する食料を見つけるのに、予測を立てて動くのとブラブラとランダムに動くのとどちらが正解にたどり着けるのか？　人間ならこう考える。さまざまな状況を判断してデータを取り、法則を割り出して予測すればいいじゃないか。決断とはそういったものだ、と。

しかし、現実はそうはならない。いくらデータを取っても、素晴らしい予測式を数学者が計算しても、世界のランダム性には勝てない。そんな無駄なことをするくらいなら、何も考えず、寅さんみたいにブラブラとランダムに歩いていたほうが統計的に見ても有意に正解にたどり着く。そのことをアリたちは知っている。一方、人間はまだ気づいていない。

この話は組織マネジメントを語るときにも、よく引き合いに出されている。たとえば、「優秀な人材ばかりを集めたチームがいいとは限らない」「サボっている社員をただ叱りつけてはいけない」「2割ががんばるのもサボるのも、評価次第」といったように。

僕はサラリーマンの世界には疎(うと)いけれど、ひとつのコロニーで社会性をもって生きる小さなアリは、組織の中で働く身と重ね合わせやすく心に響くのだろう。でも本質的なところがきちんと届いているかは怪しい。アリの世界をきちんと理解するには、人間の脳ではまだまだ時間がかかるのだろう。

100%が働くハキリアリ

長谷川博士がこの「2：6：2」の働きアリの法則を証明できた大きな要因は、研究対象種をシワクシケアリにしたことにあるかもしれない。このアリはなんというか、非常に平均的なアリなのだ。大き過ぎず、小さ過ぎず、コロニーサイズも手頃で、変な社会構造ももたない（じつは北海道の個体群では変なことも起こっているが、基本的には単女王だ）。

「アワテコヌカアリ」や「ハヤトゲフシアリ」のように動きを追えないほど俊敏ではないし、パラポネラのような強い毒もない。観察しやすく、本当に〝ほどよい〟アリなのだ。

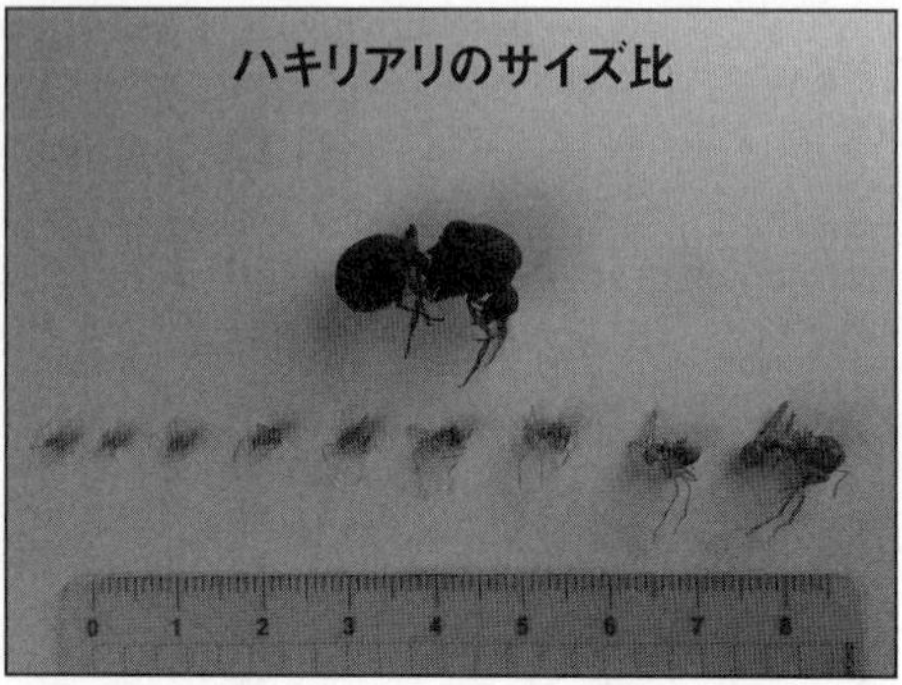

ハキリアリのサイズ比

とびぬけて大きい女王アリと、体の大きさが異なる働きアリたち。体の大きさによって仕事が決まっており、労働のレパートリーは30を超える

しかし、1万1000種を超えるアリのすべてにこの法則が当てはまるのかというと、それは無理な話だ。

たとえば、ここまで何度となく登場させてきた僕の研究対象種の「ハキリアリ」。森から葉を切り出し、100メートルを超える行進をして、巣の中では葉を細かくして、キノコ畑に埋め込んで、施肥(しひ)をしたり伸び過ぎた菌糸を刈り取ったり、幼虫に給餌したり、卵を移動させたり、ほかにも巣の掃除に入り口の防衛、ゴミ捨てなどなど、ものすごい労働量だ。

このハタラキモノのハキリアリ、僕が行った50時間観察では、サボるアリはわずか1~2%。しかもその1~2%も蛹(さなぎ)から出たばかりの若い個体で、サボっているわけではなく、働けないだけだ。つまり、実質100%の個体がなんらかの労働をしている。しかも、その働き方は驚くほどシステマチックだ。

多くのアリでは「齢分業（れいぶんぎょう）」と呼ばれる、年齢で労働を分けるやり方で分業を行なっている。これはシンプルな仕組みで、若いうちは安全な室内での作業、老齢個体は危険な外仕事をするというものだ。こうすることで貴重な若い労働力を失うリスクを回避している。

しかし、ハキリアリは違う。ハキリアリには細かく分けると10を超えるサブカースト（体の大きさが異なる働きアリのクラスター）が存在しており、生まれたときからきちんと仕事が決まっていて、一生涯その仕事をまっとうする。その労働のレパートリーは僕が解明した結果、30を超える。それだけの仕事を分業しているのだ。

ハキリアリのすごいタスク量

たとえば、巣の掃除。アリはそもそもがきれい好きだが、ハキリアリのきれい好きは常軌を逸している。四六時中床を舐（な）め、危ない細菌が入ってきたら胸に飼っている共生バクテリアを床に塗りつけ抗生物質をコーティングする。この仕事は、おもに小型ワーカーが担う。

中型のワーカーは、比較的オールラウンダーだ。たとえば、外から入ってきた働きアリの体をきれいにする役や外から戻ってきた働きアリから栄養を受け取り、ほかの働きアリや女王アリに渡す役。巣の入り口の見張りも中型ワーカーの役目だ。

大型のワーカーは巣の中にいるときは手持ち無沙汰だ（そう見える）。しかし、危険が差し迫ったとき、キーキーと警戒音を発しながら外に飛び出していく。巣の仲間を守る頼もしい警備隊だ。

さらにキノコ畑を見てみれば、より複雑で細かい労働が行われている。キノコ畑には適切な時期に適切な量の肥料を施さなくてはならない。胃から吐き戻したものをキノコ畑にあげる係がいれば、液体状の糞をあげる係もいる。キノコ畑に襲いかかる多種多様な菌をとりのぞき、特殊な寄生菌（エスカバプシス菌だ）を見つけたら、それに特化したやり方で排除する。古くなったキノコを切り取り、ゴミ捨て場に捨てに行くのも大切な仕事だ。新たに農地が必要になれば、粘っこい赤土であろうと大アゴを使って大掘削工事をして拡張していく。共生菌のご機嫌を伺い、どんな葉が必要か判断し、適切な葉を集めてくる。細かく砕いて畑に組み込み、菌糸を植えつけ、栽培を持続する。

子育てにしても、決して楽ではない。卵を女王アリから取り上げたら、表面をきれいにし、卵専用の部屋に移動させる。幼虫になったらまた別の部屋に移動だ。幼虫が食料を欲しがれば、菌糸を集めて幼虫に与え、ぐずる幼虫がいたらヨシヨシとゆりかごを揺するように幼虫を揺すってあげる（この行動の意味は実際にはよくわからなかった）。幼虫から蛹になればまた別の部屋に移動させる。卵はそもそも1時間に180個ほど産まれるから、働きアリたちは休む暇がないのだ。

巣の外に出て葉を集める役もなかなかの重労働、かつ専門職だ。どのようにして菌のそのときどきの好みを聞き出すのかは不明だが、菌が好む植物を選んでは葉を切る。切った葉を地面に置いてバトンタッチ。置かれた葉を巣まで運ぶ役は別にいる。つまりここでは労働分業だけではなく、ワークシェアリングまで行われているのだ。

触角をパタパタさせる「アンテナ探査」をしながら、あたりをぐるぐる回り巣の安全を見回る係がいる。トレイルに落下物があれば、道路公団よろしく突貫で道路工事がはじまる。そのときは大型ワーカーが大活躍だ。働き詰めに働いたアリたちが死んでしまえば、衛生状態を保つためにも死体を外に出し、お墓（というかゴミ捨て場なのだが……）まで運ぶ役割もある。

なかには、運ばれている葉の上に乗っかり、ヒッチハイクをしながらオサボリをしているように見えるアリもいる。彼女たちは「ヒッチハイカー」と呼ばれているが、サボっているわけではなく、寄生バエであるノミバエを追い払うという役割がある。

ザッと書き出しただけでも目が回りそうなタスク量だ。しかも、こういった労働はほぼ切れ目なく続く。パナマのハキリアリは比較的夜はおとなしくなるが、場所によっては24時間365日活動が低下しない巣もある。

葉っぱに乗っているアリはサボっているのではなく襲ってくるハエなどから仲間を守る係

ハキリアリの社会は超ブラック？

ハキリアリもナベブタアリの扉役やミツツボアリの貯蔵庫役とまではいかないが、体の大きさによって労働のタイプが変わる。大型のアリは約1・5センチと大きい。一方で、巣の中で子育てをしたり、菌のお世話をする小型の働きアリは約2・5ミリと6分の1の大きさしかない。

この最大と最小の働きアリの間に10を超えるサブカーストが存在するハキリアリの場合、

どうやって体の大きさを変えていくのか？　これまで長いこと、幼虫のときに働きアリが与えるエサの量でコントロールされていると考えられてきた。しかしながら、僕も確認したのだが、ＤＮＡレベルで解析してみると特定のサイズの働きアリには、どうも特定のオスアリの遺伝子が関与している可能性がありそうだ、という結果が出ている。

つまり、分業の割り当てには、もしかすると遺伝的要因も関与しているかもしれないのだ。大型アリになりやすい、あるいは、巣の中で子育てをするカーストになりやすいといった遺伝的組み合わせがあり、ハキリアリに限っては遺伝的にある程度、カーストが決まっているかもしれない。今後のさらなる調査、研究が待たれる。

さて、このようにして生み出された働きアリだが、その寿命は驚くほど短い。わずか3か月だ。女王アリの寿命が最長20年であることを考えると、ずいぶん不公平な感じがする。働きアリが一生懸命育てたキノコは、自分たちの食料にはならず、女王と幼虫のものだ。働きアリは、葉っぱを切っているときに滲(にじ)み出る汁をちょこっと食べる程度で働きっぱなし。

地域にもよるが働きアリは、夜は多少、活性が落ちるが、24時間体制で働いている。太陽が出て朝になったら起きて、日が沈んで夜になったら眠るというリズムがあるわけではなく、15分おきにごく短時間（数分程度）休憩を入れるが、長時間の休憩はとらない。なかなか過酷な労働環境だ。昨今、日本の労働環境がブラックであることが問題となっているけれど、ハキリアリの働きアリほど超ブラックな働き方はないかもしれない。

キノコアリの働き方はいろいろ

一方で、そのほかのキノコアリの労働環境はかなり異なる。ハキリアリ以外の働きアリの寿命は5～6年。女王アリの寿命が6～7年であるから、まずまず平等な社会といえよう。社会進化段階で並べてみると、より単純な社会をもつキノコアリはあまり働かない。50時間観察の結果を見てみると、まったく働かないアリの割合は30%。シワクシケアリよりもサボりながら、キノコ畑を維持できているのだからたいしたものである。

中程度の複雑な社会ではサボるアリの割合は10%まで減る。女王アリと働きアリの寿命の違い、体のサイズの違いも大きくなってくる。

小さな集団を作り、のんびりと働き、女王アリも働きアリもあまり大きな差がない社会か、中くらいの集団で、ほどほどに働き、女王アリと働きアリの違いが少し大きくなる社会か。はたまた、超巨大な集団を構成し、寿命を削って働く超ブラックな労働環境で、女王アリと働きアリはほとんど別の生物に見えるほど変化してしまう社会なのか。キノコアリの社会は、いろいろな可能性を僕たち人間に例示してくれているのだ。

ハキリアリを観察していると、「外に出て葉っぱを切るさまを見ているとダイナミックですごいけど、この子らは寿命短いしなぁ」とか、「あんまり働かないけど寿命が長いのと、どっちがいいのかなぁ」とつい考えてしまう。個人的にはムカシキノコアリの社会のほうが、平等で楽しそうに見える。観察していると落ち着く、というか人間的なように思えてホッとする。

ただ、ここで重要なのは、洗練された複雑で大きな社会と、小さくて地味だけど、平等でぼんやりできる社会、どちらもこの地球に残っているということだ。よく、「生き馬の目を抜く現代社会は競争社会だ、見てみろ！　野生生物の社会は弱肉強食の厳しい社会だろう」と会社の偉い人が説教を垂れることがあるだろう。が、それはまちがった表現だ。ボーッとしていても５０００万年くらいは生き残っているし、超ブラックな社会でも３０００万年続いているのだ。多様な生き方が許容されている、それがこの地球本来の姿なのだ。近視眼的な会社の上司の説教なんて、ほとんど生物学的にはまちがっているので聞き流しておきましょう。

僕らはどうやって多様な働き方、多様な社会を作っていくのか？　アリから学ぶことはやっぱり多いようだ。

アリの世界も育児は大変

アリはとても丁寧に子育てをする。やはり真社会性生物たるもの自分の妹のお世話こそが、最重要課題なのだ。卵や幼虫を舐めてきれいにして微生物から守り、幼虫には常に食料を与え、繭を作る種では羽化するときに繭を破るのを手伝う。その姿は人間の育児にも通じるほどきめ細やかで重労働だ。

キノコ畑作りに忙しいハキリアリにしても、子育ては最重要ミッションで手が抜けない。卵を女王から取り上げて子育て部屋まで運び、幼虫になったらまた別のキノコ部屋に移動しキノコ畑にそっと置く、菌糸を集めては幼虫の口元にちゃんと置いてあげ、蛹になれば、また別のキノコ畑に移動させる。まるで人間が赤ちゃんをゆりかごに寝かせるように大事に大事に育てていく。

この働きアリが菌糸を集めて幼虫に給餌する姿は、見ていてとても微笑ましい。幼虫が首を動かすと「おなかが空いた」のサイン。すると、働きアリが菌糸を集めて、幼虫の口元にそっと置く。それを見ていると「けなげだなぁ、偉いなぁ」と思う。

人間もアリも子育ては大変だ。「大変だ」と思っているかどうかはわからないが、最近の研究では、アリは24時間、不眠不休で子育てをすることがわかっている。

公立大学法人大阪の藤岡春菜博士が発表したもの（当時は東京大学大学院在籍）で、ゲマ切りをして女王を決める「トゲオオハリアリ」を使って、育児を担当する働きアリの活動量や活動時間を計測したのだ。

基本的にトゲオオハリアリは、昼行性で昼間に活動して夜は休む。しかし、藤岡博士の研究によると、卵や幼虫と一緒にすると働きアリは24時間、寝ずに活動を続け、一方で、蛹と一緒にした働きアリは通常どおり、昼間しか活動しなかったという。

アリの卵や幼虫は細菌やウイルス感染に弱く、体の表面や巣自体を清潔に保たないとすぐに病気になって死んでしまう。また、アリの幼虫はいわゆる「いも虫」の形をしているが、ほかの昆虫の幼虫と比べても極端に動けない構造になっている。自分で動くことがほとんどできないので、働きアリから口移しでエサをもらわなければ、栄養を補給することができない。しかし、蛹になれば食料は必要なくなる。トゲオオハリアリの場合、蛹はさらに繭で覆われていて安全なため、そこまで手をかけずともいい。育児の段階によって、その働き方を柔軟に変えていることがわかったのだ。

女王アリもつらいよ

女王アリというと、コロニーを治める君主、巣の奥でひとり、働きアリを従えて優雅に暮らす、というイメージがあるかもしれない。しかし実態はそんなことはない。だいたいにおいて、女王アリは働きアリの行動をそこまでコントロールできない。あれをやれ、これをやれなどという「統治者」の機能は女王アリにはまったくない。どちらかというと逆に働きアリに食料をもらったり、体を洗ってもらったりしている姿は、介護を受けているような気がするくらい不自由にも映る。

そもそも、女王アリが生まれるのをコントロールしているのは働きアリだ。巣が安定して大きくなり、働きアリがたくさん巣の外に出て食料を確保でき、栄養状態も良くなってくると、働きアリが「そろそろ女王アリを作ってもいいかな」と判断する。いくつかの幼虫に優先的に食料を与えて大きくし、翅(はね)の生えた女王アリ候補を作るのだ。働きアリに選ばれし幼虫が女王アリとなるわけで、自ら「新女王に、私はなる！」といってなれるわけではない。

女王として生まれたからには、結婚飛行に出て交尾をして、次世代を産む役割を担う。しかし、じつは交尾できないことも多く、交尾できたとしても最初の巣作りは相当なサバイバルだ。自分の脚で翅を落とし、穴を掘って巣穴を作るのだが、鳥やクモなどに食べられてしまったり、人間に踏み潰されることもある。

無事にそのような危機を脱しても、ちゃんとした巣を作れる場所にたどり着けるかどうかも運まかせだ。そもそもアリは飛ぶための能力が低い。女王アリの飛んでいる姿をじっと見てみるとわかるが、バタバタと不器用に羽ばたき、風にあおられ、心もとない。アリにとって飛ぶ能力はほんの一瞬しか必要ないので、ハエやトンボのように高機能にはできなかったのだろう。そのため、交尾が完了して、敵から逃れて、やれやれと降り立ったところがまったく巣を作るのに適さない場所だった、などということも頻繁に起こる。巣穴を掘ることができないほど硬い岩場ばかりの場所だったり、湿地帯だったり。

無事にある程度柔らかい土の上に着地して、穴を掘れたとして、最初に産んだ卵が、働きアリとして戦力になるまでは、すべて自分ひとりで育てなくてはいけない。その間、飲まず食わずだ。自分の体のうち、もう使わなくなった「飛翔筋」という筋肉を溶かして、幼虫に分け与える。まさに身を削って最初の子育てをするのだ。当然、普通の食料を与えるよりは栄養分も低いので幼虫の発生に時間もかかるし、その間のリスクは高く、女王としてひとつのコロニーを築くことができるのはほんのわずか。

先述のとおりハキリアリでいうと、ひとつの巣から200〜300個体、新女王が飛び立ち、新しい巣を作りあげることができるのは1〜2個体。成功率は1％以下という低い確率だ。僕の研究対象種でもあるヒアリの場合はもっと成功率が低くなり、0・1％程度という研究結果もあるくらいだ。

巣が安定したら、あとは巣の奥で死ぬまでただひたすら卵を産み続ける。ハキリアリの女王は1分間に3個、ヒアリの女王は1分に1個。1日に1500〜4000個ほども卵を産み続ける。それをハキリアリは20年、ヒアリでも7年間、毎日毎日続けるのだ。そう考えると、女王アリもなかなか大変で、「女王」という言葉のイメージほど優雅ではない。

〝実家〟に帰る女王アリ

女王アリの人生と働きアリの人生、どちらがいいのか？　それぞれ意見はあるだろうが、僕が研究しているキノコアリの中に興味深い女王アリがいる。女王になりそこなってしまい、働きアリとして働く〝元〟女王アリがいるのだ。

テキサスにいたとき、野外観察をしていると、ウロウロと歩いている「アレハダキノコアリ」の女王アリを見かけた。「どうしてこの時期にこの種だけ、翅のない女王アリが地表を歩いてるんだろう？」と不思議に思い、観察をしながらメモをとった。そして、テキサス大学の演習林でこのアリのコロニーを採集し、どれくらいの数の女王アリがいるのかをカウントしたところ……出てくるわ出てくるわ。採集してきたコロニーの中から最大12個体も女王アリが出てきたのだ。キノコアリでは異例の多さだ。

さらに行動を詳細に観察していくと、この女王アリたち、まったく卵を産まない。むしろ、見ていると働きアリのようにかいがいしく働いている。そして、最終的に女王アリをすべて解剖してみると、おなかの中に精子がなく、交尾に失敗した個体だということがわかった。

結婚飛行に飛び立ったものの交尾できなかったとき、新女王アリは、普通はそのまま死んでしまう（オスアリだけでなく、メスも交尾できないことがある）。しかし、アレハダキノコアリの女王アリは自分の巣に帰って、母親のもとで姉妹とともに働くことができるのだ。

新たな人生のスタートを切ったものの思うようにはいかず、寂しい思いをしながら自分で翅を落とし、すごすごと実家に帰る――。やっぱり居候は居心地が悪いのか、働きアリと同じように懸命に働かないといけないんだろうなぁと、この珍しい女王アリを観察しているとしみじみ感じ入ってしまう。

どうして、アレハダキノコアリでこうした生態が生じたのか？ テキサスで観察した3シーズンで、ある1年だけ働く未受精女王が多い年があった（ひとつの巣の中に12個体、確認できた巣もあった）。おそらくだが、テキサスのように環境の変動が大きい地域（よく竜巻や洪水が起こるし、冬場はアイスストームもくる）では、年によって結婚飛行時の交尾失敗が頻繁に起こることがある。そんなときのために用意された緊急避難的措置なのだろうと推測している。

交尾できなかった個体を働きアリとして引き受けるというのは珍しい。女王としての人生の過酷さを考えると、肩身が狭いかどうかはわからないけれど、受け入れてくれるところがあるというのはラッキーだともいえる。だって、死んじゃうよりはマシだと思いませんか？

働かず、奪う「サムライアリ」

ハキリアリの社会が超ブラック企業だとしたら、「サムライアリ」の社会は裏社会、といえるだろう。「サムライ」という名がついているが、このアリ、サムライにあるまじき生態をもつ。「サムライアリ」の働きアリは戦わない。奪うだけだ。

英名はその生態を正しく伝えていて「Slave-making ant」——奴隷を作るアリという。仁、義、礼、智、信、忠、孝、悌をもとにする武士道精神はどこへやら。サムライアリはクロヤマアリなどの巣に侵入しては働きアリとなる幼虫や蛹を奪って自分たちの巣に持ち帰り、働いてもらうよう奴隷にしてしまう。どちらかというと「侍」ではなく、「盗賊」アリと呼ぶのがふさわしいアリなのだ。

ひょっとしたら、そもそも僕らの「侍」の認識がまちがっているのかもしれない。サムライアリと思われるアリの記述が出てくるのは明治の中期。東大の講義録でサムライアリの記述が出てくる。江戸からの脱却を目指していた明治の人々はこのアリの行動を見て、前近代の荒っぽくてじつはズルい「侍」の姿を重ねていたのかもしれない。

サムライアリはクロヤマアリの巣に乗り込み、幼虫や蛹を奪って自分たちの巣へと連れ帰り、育ったクロヤマアリの働きアリにほぼすべての労働をまかせる。

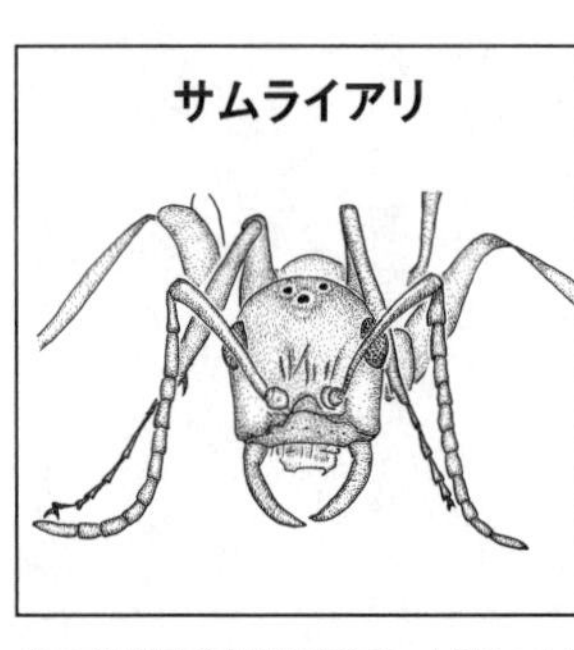

大アゴは幼虫や卵を持ちやすいようにつるんとして、日本刀が2本向かい合ったような形

サムライアリの女王アリの世話や幼虫の世話まですべてクロヤマアリがせっせと行う。

サムライアリの働きアリは何をしているかというと、何もしていない。食事はクロヤマアリが採ってきたエサを栄養交換でもらい、働き手（クロヤマアリ）が減ってきたな～と思ったら大挙してまた、幼虫や蛹を盗みにいく。そのための偵察だけは欠かさない。だいたい1シーズンで3～4回は盗賊活動をしなくてはならないので、近くにいいクロヤマアリの巣がないか、探し回ってはいるのだ。これがサムライアリの働きアリが通常行っている唯一の労働だ。

体も盗人仕様に進化させていて、大アゴの形態は独特だ。普通のアリは食料を集めるために、アゴの先は広がりギザギザになっている。これはアリの特徴のひとつでもある。しかし、サムライアリの大アゴには、そのギザギザがない。幼虫や卵をはさんで持ち運びやすいように、つるんとしていて、まるで日本刀が２本向かい合ったような形をしている。この形からサムライアリと名づけられたのではないか、と考える研究者もいる。この形だと効率良く食料を狩り集めるとか、タネを運ぶといったことには不向きで、攻撃力も落ちる。つまり、あまり強くもないわけで、やっぱりサムライには程遠い。

サムライではなく盗人？　それとも忍者？

多くのアリでは、結婚飛行を終えた新女王アリは、１個体で巣穴を掘り、卵を産み、幼虫を育てる。最初の子どもたちが大きくなるまでは、女王がかいがいしく世話をする。これは前にも何回か触れたとおりだ。

が、サムライアリの新女王は、交尾をしたら翅を落として単身、クロヤマアリの巣に乗り込んで行く。勇ましい。しかし、実態はそんなに勇ましくもない。どちらかというとコソコソッと入って行く。最初はクロヤマアリの働きアリに見つかって攻撃されることもあるのだが、そこが彼女のズルいところ。攻撃を受けているうちに少しずつクロヤマアリのにおいを身にまとっていく。そうして不審がられながらも、徐々に巣穴の奥までたどり着く。

目指すのはクロヤマアリの女王アリだ。働きアリには目もくれない。後ろから襲いかかると、日本刀のような大アゴで斬りかかる。慌てたクロヤマアリの女王は運が良ければ逃げ出せるが、場合によってはサムライアリの女王に切り捨てられることもある。そのとき、クロヤマアリの働きアリも守ってはくれない。それどころか、いつの間にか自分たちの女王を邪魔者扱いしはじめる。こうして、奴隷となる働きアリも込みで、巣を乗っ取ってしまうのだ。なぜ、クロヤマアリの働きアリは、侵入者であるサムライアリの女王の手助けをするのか?

それは、サムライアリの女王が、「プロパガンダ物質」と呼ばれるさまざまな化学物質の複合体を分泌し、クロヤマアリたちを攪乱(かくらん)してしまうからだ。そして、女王アリを襲う際にそのにおいをたっぷりと体に塗りつける。そうすることによって、サムライアリの女王は、すっかりクロヤマアリの女王にすり替わることができるのだ。

その巣の女王の座を奪い、あとはクロヤマアリに世話をさせながら、自分は産卵に専念する。巣の中の個体はだんだんと自分の子どもに置き換わっていき、サムライアリの個体数が増えていく。しかし、サムライアリの働きアリは巣の維持にかかわる労働が一切できない。一方で働き者のクロヤマアリは少なくなっていくわけで、労働力が枯渇しそうになると、サムライアリの働きアリが補給——奴隷狩りに出かけるのだ。

１個体の老齢な個体が偵察に行き、襲撃先を選定する。においを残し、それを頼りに一斉にクロヤマアリの巣を襲い、幼虫や蛹をかっぱらってくるのだ。

襲われたクロヤマアリはなぜ、反撃をしないのかと疑問に思うだろう。もちろん、最初はがんばって抵抗をして、サムライアリを追い出そうとはする。しかし、サムライアリが出すにおい物質に混乱し、何をされているのかよくわからなくなってしまうのだ。つまり、サムライアリは戦わずして、戦利品を持ち帰ることができる。だからこそ、たいした武器も持たずに生きていけるのだ。この点は、盗賊というより忍者のようでもある。

しかも、すべてを奪うのではなく、クロヤマアリのコロニー運営に支障が出ない程度に幼虫や蛹を残していく。巣が潰れてしまっては、この先、自分たちも労働力を補給できなくなってしまうからだ。いくつか、ターゲットとなるクロヤマアリの巣をキープしていて、おそらく、数か月に一度のスパンで順番にクロヤマアリの巣を襲撃していると考えられる。

このサムライアリの戦略、うまいやり方だ、と思うのと同時に、クロヤマアリからすればたまったものではないだろう、とも思う。クロヤマアリにとってみればなんのメリットもない話なのだが、日本の〝最普通種〟である宿命なのだろう。広く拡大していくというのは、このようなリスクをも引き受けていかなくてはならないのだ。これもまた人間社会に対して重要な教訓となるであろう。

成熟した社会に登場するフリーライダー

サムライアリのような、ほかの社会性昆虫を利用し、労働力をまかせてしまう種を、「社会寄生種」という。

通常、生物は単独で生息している。社会を作らずに自分で食料を調達し、巣を作り、交尾のときだけ相手と出会う。そこから進んで、社会を作るようになる過程にはいくつかのタイプがある。カメムシやゴキブリなどは親が子の世話をするのだが、この親子の集団というものを「亜社会性」と呼ぶ（人間も亜社会性ですね）。テントウムシなどが越冬するために集団で集まる社会は非血縁集団で「側社会性」と呼んでいる。

　さらに社会構造が複雑化すると、産卵に特化した女王と自分では子どもを産めない、労働に特化したワーカーで構成される「真社会性生物」となる。そして、この真社会性生物が出現することで存在が可能になるのが、寄生性の「社会寄生種」だ。つまり、社会寄生種というのは、社会が進化して２次的に出てくるもの。いわば、成熟したアリの社会の究極の形態ともいえる。

　ほかにも社会寄生種のアリがいる。たとえば、「トゲアリ」は、交尾をした新女王がクロオオアリやムネアカオオアリの巣に侵入して、その女王を咬み殺して巣を乗っ取る。また、「アメイロケアリ」の新女王はケアリの巣に侵入し、まずは、ケアリの女王と共存をしながら、ケアリの働きアリにエサを食べさせてもらう。しかし、１か月ほどたって、アメイロケアリが産卵をする頃になると、なぜか、ケアリの働きアリが自分たちの女王アリを攻撃し、殺してしまう。そして完全にアメイロケアリの女王がケアリの巣をわがものにする。

　社会寄生種というのは、成熟した真社会性の生物がいて初めて成立する。サムライアリはクロヤマアリというしっかりとしたアリの社会があって、その利益をいただこうという、

「フリーライダー」だ。

人間社会ではフリーライダーはけしからん、許すな、というのが当然の価値観のようになっている。しかし、生物の社会もしくは生物進化の実態を見ると、じつはこういった「寄生」や「乗っ取り」という現象こそ、生物の機能や社会をより複雑に、多様にしてきた鍵となっている。なんでもかんでも〝正義〟が正しく、ズルい悪党を駆逐（くちく）するのがあるべき姿とはいえないのだ。

コラム❺ アリの脳を解剖してわかること

アナログデータの強み

僕がアリに一匹一匹、ペイントマーカーでマーキングをして行動観察していたときから、25年がたち、技術開発の進歩は研究の現場も大きく変えている。

たとえば、「RFID（Radio Frequency Identification）」。日本語では「近距離無線通信を用いた自動認識技術」と訳される。交通系ICカードにも用いられている技術で、タグに割り当てられた個体番号をリーダーで読み取らせることでその活動を記録することができる。

RFIDはミツバチの行動観察によく使われているが、アリの研究に用いられることもある。アリのおなかに0・3ミリほどの小さなタグを、生物に影響のないボンドで装着させる（アリのつかみ方や接着剤のつけ方はペイントマーカーで印をつけるのと同じだ）。

実験用の巣の出入り口に「ワンド（魔法の杖）」と呼ばれるタグリーダーを設置しておくと、タグをつけたアリがその下を通るたびに赤外線センサーが反応。個体番号や時間のデータがパソコンに転送され記録されていく。

また、画像で個体を認識する「ARマーカー」を使ったビデオカメラ撮影をするという方法も広がっている。こうした技術を使えば、10時間どころか、丸2日間など長時間の連続観察ができる。時代は大きく変わったと思う。

しかし、僕が行ってきたようなアナログな手法がもはや、まったくの時代遅れかというと、そんなこともない。データ解析の「質」という点では、アナログデータにも強みがあるのだ。

「質」とは何か？

RFIDやARマーカーなど最先端のデジタル解析技術で得られるデータは、連続で取られており、なおかつ膨大な量になる。デジタルとはいいながら、さながらアナログ時計のような途切れることなく続くデータだ。このタイプのデータは切り取りにくく、かつ、あまりに膨大過ぎて、解析が逆に難しくなるのだ。

したがって、現段階では、行動の「質」を解析するというよりは、活動時間や移動距離、どの個体とどの個体がいつ、何回接触したといった数値化しやすい「量」の解析に強みを発揮していると言える（もちろん日進月歩のジャンルなので、もしかするとあっという間に「質」の部分にも切り込んでくるとは思うが）。

一方、僕が取っている直接観察データは、すでに行動レパートリーに「セルフグルーミング」「幼虫の世話」などの名前をつけているので、量的にも質的にもすぐに解析できる。

記録装置は高性能化しているけれど、たとえば「外から巣の中に入ってきた個体は95％以上の割合でグルーミングを行なったあと、アンテナ探査をして仲間を探しながらキノコ畑に向かう」

というような詳細な行動追跡が行えるほどまでには、画像解析技術は進んでいないのだ。もし、質的データを取ろうと思ったら、まず行動の定義づけをしなくてはならない。これをコンピュータが理解できるかたちで読み込ませるのも意外なほど難しい。そこの「行動の定義づけ」の部分は、人力で必ず行わなくてはならない部分なのだ。データ解析には量だけでなく、質こそが重要になる。場合によっては、最先端技術が25年前の僕のアナログデータを超えられないこともあるのだ。

アリの脳みそを解剖する

時代の最先端とはいえないけれど、変わらず重要な研究といえば染色体研究も当てはまる。染色体というのはDNA、そして遺伝子を収納する〝入れ物〟で、生物によってその数、形がかなり厳密に決まっている。

おさらいしておくと、DNAとは遺伝物質で、「デオキシリボ核酸（Deoxyribo-Nucleic-Acid）」の略称だ。アデニン、グアニン、シトシン、チミンの4種の塩基で構成されている。遺伝子というのは、このDNA4種で書かれた、生命維持に必要な古文書のようなものである。遺伝子はタンパク質を作る指令を出す役割を担う。

このDNAや遺伝子は、現在、医学や創薬などで使わないことがないほど日常的に扱われているもので、僕らの生活にも欠かせない要素だ。2020年に世界中で大流行した新型コロナウイルスを検出するために行うPCR検査というのも、基本的にはこのDNAを増やして検出する方法だ。

では、そのDNAの入れ物である染色体をどう見るか、みなさんはご存じだろうか？　アリの場合、脳みそを解剖して、特殊な試薬で固定して標本を作成するのです。

アリの脳みその解剖!?と思うかもしれない。確かに、小さい。でも大丈夫だ。米粒にお経が書ける国のヒトだもの。アリの脳みそくらい解剖できる。

たとえば、キノコアリの小さい種だと、体長は2ミリくらいで、頭部は約0・7ミリ。その8割ほどが脳なので、サイズにして直径0・4〜0・6ミリといったところだろうか。オイルストーンという特殊な砥石を使って、顕微鏡の下でピンセットをキンキンに砥いで尖らせて、解剖する。

染色体標本を作るには、幼虫から蛹になる瞬間がいちばんいい。終齢幼虫から蛹になる直前、体が半透明から白く変化したときが、そのときだ。前蛹と呼ばれるこの時期はまだ柔らかく、切開するというよりはピリピリと裂くような感じで解剖する。すると、中には蛹になりかかった本体があり、その頭部の薄くて半透明の外骨格を外すと、まさに脳みそ、という形の脳が取り出せる。

アリやハチは昆虫の中では脳が大きいほうだ。その姿は、形も色もとてもきれいだ。解剖したてのときは、試薬の中で光を乱反射するのか、それとも最後の電気信号を放っているのかわからないが、神経線維の中がキラキラと光る。毎回、その神秘的な美しさに畏敬の念を覚えながら実験をしている。

　こうして苦労して取り出した脳を固定して、スライドガラスの上に広げると、運が良ければ染色体（Xの字のような形をしている）が観察できる。これを、顕微鏡の中で見つけると、「ザザッ」と血流が早くなるような興奮が走る。実験動物とはわけが違うので、染色体が観察できる頻度も格段に低く、貴重だ。

　そうして得られる染色体のデータは、遺伝子がたとえ一緒だとしても、その入れ物の形や数、遺伝子のある場所が違えば、さまざまな違いを生き物に与えることを教えてくれる。これもまた、ちょっと昔の実験手法だけれど、最先端の遺伝研究からだけでは決して解明されない事象であり、やっぱり、染色体研究は重要なのだ。

第6章　ヒアリを正しく恐れる

上陸した侵略的外来種

ここまで、アリに対して僕の愛情がやや溢れる内容になってしまってはいるが、じつはアリは厄介な生き物でもある。たとえばツムギアリ。インドで調査したとき、すべての街路樹に白いラインが引かれていて何かと思ったら、石灰にアリの忌避剤を混ぜたものだという。ツムギアリは非常に攻撃性が高く、咬まれる被害が出るのだろう。

古の東南アジアではこのツムギアリ、生物農薬として使われていた。ツムギアリは自分のテリトリーに入ってきたものは、人間であっても激しく攻撃する。当然、ほかの昆虫に対しても容赦はない。その強力な攻撃性を利用し、森からそっとツムギアリの巣を持ち帰り、畑に糸で結びつけていたという。化学農薬などがなかった時代では、大変重宝したことは想像に難くない。

そして、ハキリアリ。第3章でも触れたが、この強力な大アゴをもった農業をするアリは、中南米で近代農業がはじまった18世紀から現在にいたるまで大害虫として問題となっている。その旺盛な植物採集能力と菌栽培能力は人間をとことん困らせているわけだが、古の中米の農園ではハキリアリに雑草を刈ってもらっていたという記録も残っている。

このように、人間社会はうまくアリたちと共存してきた歴史があるのだが、近代以降急速に広まったシステムはどうしてもアリとの共存が苦手なようだ。

日本ではどうだろうか。幸いなことに日本に生息するアリたちは、ツムギアリやハキリアリのように人間生活に影響が出るほどの目立った特徴をもったものは少ない。パラポネラのような強烈な毒はもっていないし、グンタイアリのように毎朝大軍を率いてのお食事タイムであたり一面を食べ尽くすこともない。世界的に見れば、かなり地味でおとなしいアリたちばかりだ。したがって、日本でアリは「不快昆虫」とされている。文字どおり、人を不快にさせる昆虫のことで、ムカデ、ヤスデなども不快昆虫と呼ばれている。

一方、「害虫」という区分には、シロアリのように木造建築物を食い荒らし、人間の生活に直接的な被害を及ぼす経済害虫、ゴキブリのようにサルモネラ菌や大腸菌などを媒介する衛生害虫、スズメバチのように毒をもち、健康被害をもたらす衛生害虫が当てはまる。

アリは不快にはさせられるけれど、害を与える害虫には該当しないということで、アリを防除する場合、これまではそんなに強い殺虫剤が使われることはなかった。

ただし、日本でいわゆる「害虫」として指定されているアリが4種だけいる。「害虫」

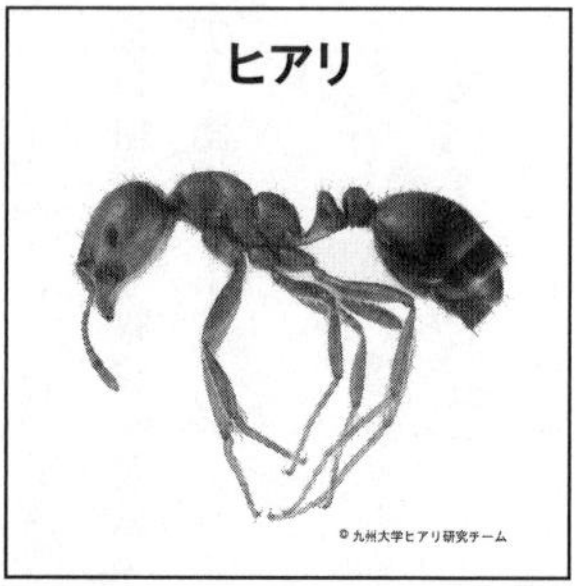

ヒアリ

© 九州大学ヒアリ研究チーム

人間の経済・貿易活動が広がるのに伴い、
世界中に広まった侵略的外来アリのヒアリ

というか、特定外来生物だ。それが、南米大陸原産の「ヒアリ」、「アカカミアリ」、「アルゼンチンアリ」、「コカミアリ」である（2020年5月現在、「ハヤトゲフシアリ」も指定に向けて調整中である）。

いずれも、日本にもともといたアリではない。急速な経済発展により世界的な貿易が盛んになるなどして、人間の活動にくっついて人為的に外国から持ち込まれたアリたちだ。

「ヒアリ」の日本上陸

ヒアリはひょっとしたら、いま、日本でいちばん有名なアリかもしれない。2017年6月、尼崎市のコンテナで500匹の働きアリと翅アリが確認され、その後も各地でヒアリ発見の報告が相次いだ。毒をもち、「世界の侵略的外来種ワースト100」に指定されるヒアリの〝日本初上陸〟は、「殺人アリ」という煽り文句でセンセーショナルに報じられた。（ちなみに僕も２０１６年に書いたウェブコラムではヒアリのことを「殺人アリ」と書いている。アメリカ合衆国ではそのように呼んでいたのを引用したかたちだ）。

当時、僕も何度か出演して口酸っぱく解説したにもかかわらず、いまひとつうまく伝わらなかったことだが、ワイドショーなどでは、あたかもヒアリに刺されたら必ず死ぬかのように、「ヒアリ＝死」として扱われていた。専門外の人が印象だけでまちがったことを語っていることも恐ろしかったし、こういった報道ばかりが流れると、アリが単に排除するべき対象としてしか見られなくなるのではないかと不安にもなった。

子どもたちもみんな、アリが嫌いになってしまう……。できる限り正確な情報をわかりやすい言葉で伝えなくては！　そんな思いから、当時、依頼があったマスメディアの取材（３か月で約３００件ほど）は、可能な限りすべて無料で引き受けることにした。

僕はハキリアリだけではなく、ヒアリの研究もしている。テキサス大学にいた１９９９年。ミュラー教授と祖先的形質を残す貴重で希少なキノコアリを探しに文献に書かれていた場所にサンプリングに行ったところ、一面がヒアリだらけになっていた。温厚なミュラー教授が顔を真っ赤にしてヒアリの巣をぶち壊していたのを、僕は呆然と見ていた。また、大学の演習林であるブラッケンリッジ・フィールド・ラボラトリーでヒアリ調査の様子を見させてもらったときの、その数の多さ、攻撃性の高さにも衝撃を受けた。

これが日本に入ってきたら大変なことになると、帰国後の2008年からヒアリの研究をはじめたのだ。そして、これまでに台湾、フロリダ、テキサス、メキシコ、パナマ、アルゼンチンなどでヒアリを採集し、論文を書いたり本に書いたり、ウェブコラムを書いたりして、危機感を共有する研究者らとその危険性と正確な情報を発信してきた。しかし、2017年に実際にヒアリが侵入してくるまでは、大水害の危険性を説いたノアのように、僕らの主張は一般にはことごとく無視され、黙殺された。

ヒアリ被害の本当のところ

まず重要なのが、ヒアリによる健康被害がどの程度なのかをしっかりと理解することだ。ヒアリに刺されたからといって百発百中で死ぬわけではない。ヒアリが社会問題化しているアメリカでは、アラバマ州やテキサス州、フロリダ州など、南部の州に定着が確認されていて、地域住民の約50～90%（数千万人）がヒアリに刺された経験をもっている。

そのうち、アナフィラキシーショックを示すのは約1～2%。亡くなられた方は累計約

100名で、致死率は0・001%以下と低い。健康被害でいちばん問題なのは、被害にあう人の数が非常に多い、ということだ。

重症化するリスクは2種類ある毒のうち、タンパク毒によってもたらされる重度のアレルギー症状であるアナフィラキシーショックのほうである。もう一方の毒（あとで説明します）は皮膚症状が出るのだが、これは2週間程度、かゆみを我慢すれば完治する。

アメリカのように土地が広大で人口密度が低い地域でも、前述のような高い確率で刺されている。もしも狭くて人口密度の高い日本に定着してしまったら、それ以上の被害が出ることも予想される。

また、ヒアリの被害で忘れられがちなのが経済損失である。アメリカでは現在、ヒアリによって年間5000億〜6000億円の直接的な経済被害が、間接的なものも含めると年間1兆円もの損失が出ているといわれている。

経済被害としては、農業被害、機械設備被害、不動産被害、そして環境影響があげられる。ヒアリはなんでも食べる。大好物は人間の農作物である。大豆などを食べてしまう被害はあとを絶たない。そして、かなりショッキングなことに、生まれたばかりの子牛を寄ってたかって食べてしまうこともある。親牛もヒアリに刺されてしまうと、死にいたることはないにせよ、搾乳量が低下する。

ヒアリはあたたかいところを好むため、モーターやトランスなどの電気設備に集団で入り込みショートさせ、場合によっては火事の原因になってしまう。大きな送電設備がターゲットとなると、大規模な停電を引き起こすこともある。

ヒアリの多い地域は住宅地として嫌われ、庭にヒアリの巣があると不動産価値が下がってしまう。そのため、家主は自分の敷地内にヒアリが巣を作るたびにこまめに駆除をしなくてはならない。アメリカ南部には、「Fire Ant Control!」という看板を掲げたヒアリ防除の会社がいたるところにあり、大規模なビジネスとして成立しているほどだ。

また、ヒアリの侵入は生態系へも大きな影響を与える。フロリダ州やジョージア州ではツバメなどのヒナをヒアリが捕食するため、鳥類の数が減少している。希少な昆虫の生息地を奪うし、直接食べてしまうことも多い。植物のタネをかじり取ったり、巣の拡大によって希少な植物の根を枯れさせることもある。果物や花の蜜に芽、なんでも食べるため、植物の受粉を妨げ、生態系全体のバランスを崩すことにもつながる。

ヒアリの定着が問題なのは、「刺されたら死ぬ」という話だけではないのだ。

ヒアリの痛みは「中の上」

では、ヒアリに刺されるとどうなるのか？　僕はこれまでに世界各地で60回以上、ヒアリに刺されてきた。おそらく、もっともヒアリに刺されている日本人だろう。同時に、15種程度のアリやハチ、そのほかの昆虫に刺されたり咬まれたりしてきた経験からいうと、ヒアリに刺された痛みは数ある危険な昆虫の中でも「中の上」といったところだ。キイロスズメバチほどではないし（オオスズメバチにはまだ刺されたことがないので比べられない）、同じアリでもパラポネラやグンタイアリのほうが断然痛い。

しかし、ヒアリに刺され過ぎたために体質が変わってしまい、怖い目にあったことはある。パナマでアギトアリに刺されたときのことだ。アギトアリはその大きな大アゴと馬面でアリ研究者から愛されるアリで、お尻に針をもっているので刺されるとそこそこ痛い。

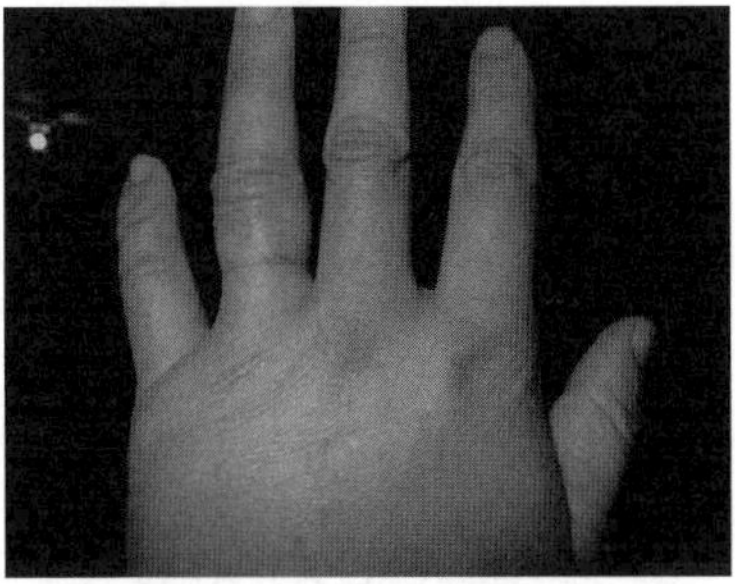

アギトアリに刺されパンパンに腫れあがった左手。結婚指輪の跡も痛々しい薬指が壊死しなくてよかった

刺されて痛かった 昆虫ランキング

1位	パラポネラ
2位	キイロスズメバチ
3位	グンタイアリ
4位	アギトアリ
4位	ヒアリ
6位	クロスズメバチ
6位	アシナガバチ
6位	オオハリアリ
6位	アカシアアリ
10位	ハキリアリ

過去にも何回か刺されたことがあったが、そんなにたいした反応は出なかったし、そこまで怖い毒ではない、という認識だった。

しかし、2013年にパナマで左手の薬指を刺されてしまったときは反応が違った。15分くらいの間に薬指はみるみる腫れ上がり、ちょうど結婚指輪のところが鬱血して真紫色になってしまった。このままほうっておくと薬指が壊死してしまうのではないか？　さすがに少し不安になり、「こういう状況なので結婚指輪を切ります。すいません」と写真を添えてパートナーにメールを送り、結婚指輪をペンチでブチッと切断して、ことなきを得た。パートナーからは「本当に気をつけてよね！」と言われてしまったけれど、思っていたほど怒られなかったのでよかった。

ちなみに、これまで刺されて痛かった昆虫ランキングの1位は「パラポネラ」だ。南米原産のパラポネラは体長約2・5〜3センチと大きく、世界最大級にして最強のアリとして知られる。野外で初めてパラポネラに出くわした人間は、その大きさや威風堂々とした

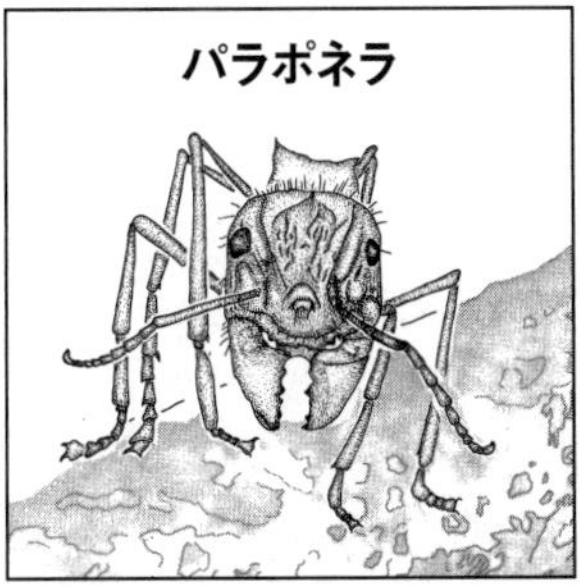

パラポネラ

刺された痛みが24時間続くことから、現地では「24時間のアリ」という異名をもつ

たたずまいに萎縮してしまうこと必至である。

僕もパナマの森で初めてパラポネラを見たとき、たまたま目の高さにある枝で出会ったため、バッチリ目が合ってしまい、思わず、「ぉわっ！」と声を上げてしまった。向こうは、まったく動じることなくしばらく僕を睨みつけ、まるで興味なさそうに立ち去っていってしまった。なんという余裕。

攻撃力も半端ない。僕がパラポネラに刺されたのは軍手の上からだったので毒針が浅く、たった一度刺さっただけだったが、全身に激痛が走った。森で数分間悶絶し、動けなくなってしまったほどだ。ちなみにそのとき、昆虫植物写真家の山口進さん（ジャポニカ学習帳の表紙の写真を撮られていることで有名ですね）も太ももを刺されていたが、「意外と痛くなかったね」と余裕であった。やはり百戦錬磨のフィールド写真家は違う……。その晩、刺された左手はグローブのように腫れ上がり、数日間は手を閉じるのもままならないような状態であった。

ヒアリに刺されると？

パラポネラやグンタイアリより痛くないからといって、決して、ヒアリの毒はたいしたことがない、と言いたいわけではない。ヒアリに初めて刺されたのは、先ほども書いたテキサスでのフィールドワーク中だった。希少なキノコアリをヒアリまみれの場所で探しているときに刺されてしまったのだ。ヒアリは「火蟻」の名のとおり、線香の先を押しつけられたような、つねられたような地味ながら嫌な痛みがある。

当時はまだヒアリについて知識がそれほどなく、「murder ant（殺人アリ）」という別名を知っていたので、ずいぶんとビビってしまった。が、結局、小さくポコッと腫れて、膿疱（膿の塊）ができただけだった。なんだ、たいしたことないじゃないか。

しかし、悲劇はその後訪れる。帰国後、ヒアリの研究を開始した２００８年８月。台湾での調査中にまたヒアリに刺されてしまった。このときも、「まあ自分は体質的に大丈夫なはず」と高をくくっていたら、数十分後、だんだん気分が悪くなってきた。フラフラする。吐き気もする。頭痛もしてきた。あれ？　旅の疲れだろうか？　台湾中央研究院の林暉閔博士（当時／現在ヒアリベンチャーMonster' Agrotech社社長）のところで解剖をさせてもらう予定で研究室にヒアリを持っていったのだが、照明が暗い。目がチカチカする。顕微鏡の焦点がどうしても定まらない。そこまできてようやく気がついた。

これは軽いアナフィラキシーショック症状だ。

慌てて、ベンチに横になった。これ以上症状が進んだら、たとえば、チアノーゼとか全身蕁麻疹（じんましん）がでたら救急車を呼ぼう……。そんなことを考えながら、とりあえず嵐が過ぎ去るのを待った。幸いなことに1時間ほど横になっていたら徐々に体調が回復し、目のピントも合ってきた。解剖もできそうだ。滞在できる日数もそんなになかったため、すぐに顕微鏡に向かって解剖を開始した。

その後、フロリダでもアルゼンチンでも何回も刺されてしまったが、アナフィラキシーショック症状は出なかった。ただ、アルゼンチンで1か月弱ヒアリをサンプリングしまくって、刺されまくっての最終日。ちょっと体の大きなヒアリに最後のひと刺しをくらい、うずくまるほど痛かった。これはおかしい。でもそれ以上の症状は出なかったので、そのまま帰国した。が、不幸はそのあとにやってきた。北海道の寒さで手がパンパンに腫れ上がるという寒冷蕁麻疹の症状に苦しむことになったのだ。北海道の冬は寒いだけに、これには参った。

そして、体質がすっかり変わってしまった僕は、シワクシケアリという毒針をもっているのかどうかすら定かではないほど地味で弱いアリに刺されても、結構痛い思いをしなくてはならない体になってしまった。何事もほどほどにしておくのがいい。

「正しく怖がる」ということ

ヒアリは公園や道路脇など、人間が開発し、自然状態を攪乱(かくらん)した環境に好んで巣を作る。これがまた、お椀型でこんもりとしていわゆる典型的なアリの巣で、子どもの「崩したい！」という欲求をかき立てる巣なのである。フロリダ州でサンプリングをしていたときも、子どもたちが興味津々でヒアリのアリ塚に近づいていくのを目撃したことがある。

「ああ、これはまずいな」と思ったけれど、他人の子どもだしどうしよう、声をかけようかな……と迷いながら通り過ぎたら、案の定、数分後に後方で泣き叫ぶ声が聞こえてきて、罪悪感に苛(さいな)まれた。だから言わんこっちゃない（言ってないけど）。

また、アメリカでは、公園でヒアリの巣があるのに気づかずベビーカーをヒアリの巣の上に止めてしまい、ちょっと目を離した隙に赤ちゃんが刺されて亡くなる、といった悲惨な事例も報告されている。

のちほど説明するけれど、ヒアリの繁殖力はものすごく強い。もし日本に定着したならば、こうした公園での子どもの被害というようなことが、かなり頻繁に起こることが予想される。

東日本大震災による福島第一原発事故のあと、あるいは新型コロナウイルスの感染拡大など、社会が未知のもの、経験したことがないことに直面したとき、「正しく怖がる」というフレーズがよく聞かれる。ヒアリに対しても同じだと思う。ちなみに、糸井重里氏が主宰する『ほぼ日刊イトイ新聞』でヒアリの連載をもたせてもらったときのタイトルも「正しく恐れるためのヒアリ講座」だった。

ヒアリがもたらすのは、死に直結するような危険というより、広範囲にわたって多くの人が刺されるリスクが高まるということ。定着してしまうと、駆除が極めて難しくなること。農業や経済の被害、環境への影響は大きく、対策にかかるコストや手間からも、まずは水際で防ぐことがとにかく重要、ということを忘れないでほしい。

日陰の存在・弱者の戦略

ヒアリの原産地は南米、アルゼンチン、ブラジル、ウルグアイの国境沿いである。世界三大瀑布のひとつで観光地としても知られる「イグアスの滝」を抱く森から流れるパラナ河流域だ。パラナ河流域の熱帯雨林には、ハキリアリにグンタイアリ、パラポネラなど、いわばアリ界のメジャーリーグ級のアリがたくさん生息している。メジャーリーグ級というのは、かつての僕のような昆虫キッズの憧れ、というだけでなく、昆虫の中でも〝強い〟ということでもある。

そんな中にあって、ヒアリはとくに目立つ存在ではない。見た目もこれといった特徴があるわけでもない。グンタイアリの兵隊アリのように大鎌のような大アゴもなければ、ハキリアリの胸部にあるトゲもない。地球上の生物最速で閉じられる大アゴもなければ、ナベブタアリのような防御に特化した頭の形をしているわけでもない。一見すると、本当に日本のそこらへんにいるフタフシアリと区別がつかないような形をしている。こういってはなんだが、ヒアリはそもそもはとても地味なアリなのだ。

熱帯雨林の中、営巣に適した場所はメジャーなスターたちのもの。ヒアリは森には入れず、林縁や川べりの赤土が露出したようなマイナーな場所にしか巣を作ることができない。そこは、雨季がくると川の水が溢れ洪水になって、巣を下流にまで押し流してしてしまう不安定な場所である。しかし、ヒアリはそこで生き抜くしかない。そのため、ほかのアリには真似のできないような環境変動への対応力をつけていった。

たとえば、洪水が起こって巣が流されてしまったとき。働きアリ同士が互いに脚を引っ掛け合ってコロニー全体がひとつの塊となって、〝いかだ〟を作る。塊の真ん中に女王アリと卵、幼虫、蛹(さなぎ)を抱き、次世代につなぐ命を守りながら濁流を下っていく。その状態でプカプカと長時間、浮くことができるため、川の流れに身をまかせながら、流れ着いた川岸で新たな巣を作る。

しかし、1日に1個しか卵を産めないようでは、巣を立て直す前に、また洪水に襲われてしまう。そこで、ヒアリは短い時間で巣をリカバリーするために、女王アリの繁殖能力を強化した。条件さえ整えば、なんと1時間で平均80個、フル稼働のときは1日1000〜1500個もの卵を産む。単純計算で、年間30万個。ここまでポコポコ卵を産む女王アリは、ほかのアリでもそうはいない（クロヤマアリの場合、1個体の女王アリが1日に産む卵の数は1〜2個)。

働きアリの寿命は成虫になってからは数か月と短く、実際には年間5万〜6万の増加率となるのだが、それでもすごい。それが6〜7年続くわけだから、これだけの繁殖力があれば、洪水などの環境変動が起こっても、女王が生き延びさえすれば、どこに行っても巣を存続させることができる。

侵略地で発揮される「友愛精神」

ヒアリは原産地の南米ではひとつのコロニーに女王アリが1個体いる「単女王性」だ。単女王性のコロニーは巣の仲間を厳しく査定し、ちょっとでもにおいが違うと大ゲンカになり、それぞれの縄張りをがっちりと守る。ずいぶんと保守的だ。この状態であれば、生態系の中で極端に数が増えることもなく安定していられる。保守的、というのが生態系の安定には有効である、というのも考えさせられる話だが。

ところが、ここに人間が絡んでくると途端にややこしくなる。

1930〜40年代に南米と北米の間の貿易活動が活発になり、木材などの建築資材の運搬船がブエノスアイレス港からアメリカ・アラバマ州のモービル港に向けて頻繁に出港された。その中にヒアリが混じっていた。北米にたどり着いた最初のヒアリたちは、相当厳しい環境に置かれたのだろう。原産地の特徴をドラスティックに変化させた。コロニーのタイプを単女王性から多女王性にスイッチしてしまったのだ。もともと生息している南米地域では産卵個体が1個体のコロニーがほとんどで、お互いが警戒し合ってそれほど大きな集団になることはない。しかし、かなり厳しい環境に置かれたためか、ひとつの巣の中に女王アリをたくさん（最大100個体以上）産み出すように急速に進化してしまったのだ。

そんなことが本当に起こるのか、と論文を読んだときに驚いたものだが、実際にアメリカおよび原産地のアルゼンチン北部でサンプリングしてみるとそのとおりの結果になった。ヒアリの多女王性のコロニーでは、ひとつの巣に10個体前後、多いときには100個体を超える女王アリがいて、それぞれが産卵している。一般的にアリの社会では、女王の寿命が尽きると巣が消滅していくが、女王がたくさんいれば、そのぶん巣の寿命は長くなる（というか、実際にはヒアリのコロニーの寿命は計測が非常に難しい）。

そして、これも不思議なのだが、北米のヒアリのコロニーを採ってきて調べてみると、血縁度はほとんどゼロ。つまりまったくの赤の他人（他蟻）で構成されていたのだ。どうやら、北米大陸にごく少数のコロニーが侵入した際、強烈なボトルネック効果が働いたのだろう。コロニー内の平均血縁度はゼロに近づき、普通なら協力行動はとりにくくなるところをヒアリはそうはならず、むしろ血縁識別行動をまったくとらなくなり、超友好的になってしまったのだ。

多女王性コロニーは、いろんなコロニーのヒアリに対して協力行動を見せる。協力してエサを採って、敵がきたら身を犠牲にして守るという行動をとる。そんな友愛精神にみちた性格が急速に選択されたおかげで、北米のヒアリはコロニー同士が融合し、スーパーコロニーを形成するまでになった。フロリダやテキサスでは、20キロ四方を占拠するスーパーコロニーも確認されていて、友愛精神というのも、ときに考えものなのだ。

ヒアリと並び、世界的に有名な侵略的外来生物の代表格「アルゼンチンアリ」も、ヒア

●アルゼンチンアリのスーパーコロニー

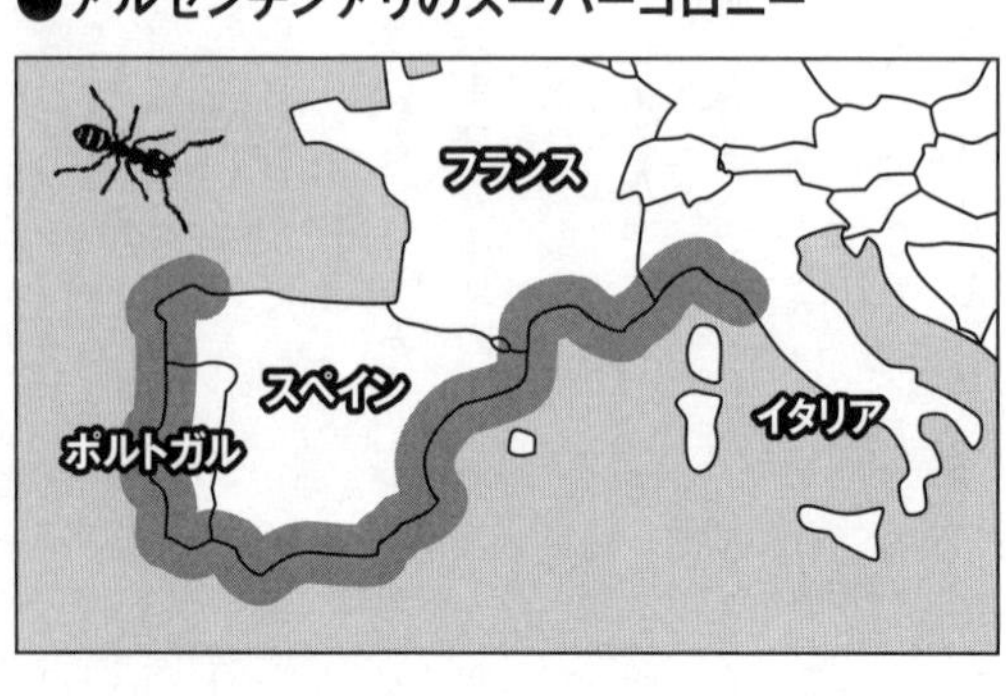

リと同じように厳しい環境でも生きていく生命力と強い繁殖力、そして、その友愛精神によって日本を含む、世界各地へと広がった。先述のとおり、そのもっとも大きな巣は、なんと全長６０００キロにも及ぶ。ポルトガルからスペイン、イタリアと国境をまたぎながら海岸線を占拠し、それがひとつの巣。国を越えた端と端の集団を集めてきて出会わせてもケンカは起こらず、むしろ融合してしまっているという。

原産地では生態系と調和して安定していたが、人間に運ばれ、外来種として定着すると友愛精神で巨大な帝国を作る。このヒアリやアルゼンチンアリの戦略が今後長い時間の中で本当に安定なのか、それともやはり血縁選択説を考えれば集団は分断され、血縁クラスターに落ち着いていくのか。じつは目が離せない状況なのである。

侵略地で強くなるヒアリの毒

ヒアリは、毒も独特だ。ヒアリの毒はアルカロイド系の毒とタンパク毒の２種類をもっている。アルカロイド毒とは一般には植物が作り出すことで知られている。たとえば、ニコチン（おもにタバコ）やカフェイン（おもにコーヒーやお茶）、コカイン（コカの葉）、アコニチン（トリカブト）に含まれている毒と同じ仲間だ。ニコチンやカフェインが毒というと驚く読者もいるかもしれない。これらのアルカロイド毒の特徴は、情報伝達系を阻害する作用が強いという点だ。ニコチンやカフェイン、コカイン、そしてモルヒネなどは神経を興奮もしくは麻痺させる作用でよく知られている。それ以外にもジャガイモの芽に含まれるソラニンは腹痛や嘔吐、下痢の症状をもたらし、トリカブトのアコニチンは痙攣(けいれん)、呼吸困難、心臓発作を引き起こし、ごく少量でも人を死に追いやるほどの劇毒だ。

フグやアカハライモリ、ヤドクガエルの毒もアルカロイド毒だ。通常はエサとして食べた微生物がもっていたアルカロイドを体内に蓄積して毒を作り、自分の武器として利用する。そのため、アルカロイド毒を出す微生物が少ない環境で養殖したフグには毒がないし、ヤドクガエルも日本にもってきて、日本のエサを与えると毒が消えてしまう。このアルカロイド毒を自ら合成する動物は非常に少ない。しかも、それを積極的に攻撃や防御に使用しているのは、おそらくヒアリだけではないかといわれている。これまた厄介な性質だ。どこにいても、何を食べても、この毒を自家製造できるのだから。

が、ヒアリのアルカロイド毒である「ソレノプシン」はそこまで強い毒ではない。刺されると30分ほどで白い膿の塊ができてビックリするだろうが、かゆみは2週間程度でおさまる。かきむしらなければ、それほど怖がる必要はない。

問題は、もうひとつの毒であるタンパク毒だ。アレルギーを引き起こす毒で、ヒアリはこれを４タイプもっている。人によってはかなり激しい反応を引き起こすので、刺されたら最低限30分はジッとして様子をみてほしい。その間に体調に変化がなければ大丈夫。30分の間に僕みたいな症状が出たら、すぐに病院に行ってほしい（どうして村上は行かなかったのだ、と言われると申し開きもできないが、許してほしい）。

ヒアリが怖いのは、原産地を離れて侵入地で定着するとその性格が変化するということだ。先に書いたように、侵入地で多女王性コロニーが出現しているのもそうだ。さらに厄介なのが、毒についても原産地より侵入地のほうが多様に、かつ強くなっている。明確な原因はまだ不明なのだが、侵入地で遺伝的に大きく異なるもの同士、もしくは近縁種との交雑により、遺伝的多様性が増すことでもたらされたものと推測されている。

それは身をもって感じていることで、さきほど言ったように、台湾でヒアリに刺されたときには、ひどいアレルギー症状が出てしまった。僕自身の耐性が変わったとも考えられるけれど、それ以前にもそれ以降も何十回と刺されているが、このときほどひどい症状になったことはない。それを考えると、台湾に入ってきたヒアリは毒がさらに多様に強くなったとも考えられる。

移動も分散も得意。なんでも食べられて、どこでも生きられる。どんな厳しい環境でも適応できる。サバイブしながら必死にイノベーションを重ねて、ヒアリはいまも変化しながら生き残りをかけて増え続けている。弱者ながら、したたかな戦略で生き抜いてきたのがヒアリなのだ。

攪乱要因は「人間」

ヒアリは数千万年来、南米の熱帯多雨林……ではなくそこから離れた厳しい場所でなんとか隙間を縫って生き続けるマイナーな存在だった。しかし現在、どんどん生息する場を広げている。彼女たちの弱者の戦略は、人間と結びつくことで一発逆転のチャンスを引き寄せた。

地震や山火事、噴火などの大規模な環境変動によって生物の生息地が劇的に変化することを「攪乱」と言うが、ヒアリにとって、そのブレイクスルーとなったのが人間による環境の劇的な変化――「人為的攪乱」にほかならない。人間が都市を開発して多様性の低い場所を生み出し、その高い移動能力でヒアリを運び込んでいる。ヒアリからしてみたら、こんなにおいしい話はない。数千万年前からマイナーリーグでじっと我慢に我慢を重ねてきて、ようやく怪しげな代理人である人類と出会い、見事メジャーリーグへと昇格。さらに大きな活躍をする（繁殖地を広げる）チャンスを得た。怪しげな代理人、人間との奇跡の出会いを虎視眈々（こしたんたん）と待ち伏せていたわけではないと思うが……。

第2章で触れたようにある意味、僕ら人間は、農作物や家畜だけではなく、ヒアリにもいいように利用されていると言えるのではないだろうか。第5章でサムライアリに奴隷にされ、何も気づかぬままに世話をさせられているクロヤマアリの話をしたが、われわれは果たして、クロヤマアリのことをバカにすることができるのか？

ヒアリのこの〝大躍進〟を見ていると、人間の生き方もかなり、隙だらけではないかと思えてくる。社会が成熟すればするほど、フリーライドするものが入り込む余地は生じる。それはある面では、豊かさの象徴ではあるけれど、科学的な眼差（まなざ）しで改めて振り返ってみると、いいようにやられ過ぎているとも思えてくる。

その根本には、現代社会の呪いの言葉にもなっている「経済至上主義」がある。経済発展や効率、生産性こそが最上のものだという考え方は、僕が何度も言われてきた「どうやってアリの研究でお金稼ぐの？」というような哲学にも深く深く食い込んでいて、なかなか振りほどけない。

昔の人間生活がどんなにアリと共存できていたかをこの本で説いたところで、「それは昔の原始的な社会だから」で片づけられてしまうだろう。

しかし、２０２０年初頭、新型コロナウイルスの地球規模での蔓延でもわかったように、大規模なグローバル経済社会はすでに破綻寸前なのだ。われわれ人間はどうしたら、この地球上でより長く生きていくことができるのか。本当の意味での「持続可能性」を、アリの世界から学び直すよい機会を与えられているのだ。

アメリカが失敗した理由

先述のとおりヒアリは１９３０～40年代にアルゼンチンのブエノスアイレス港からアメリカ・アラバマ州モービル港に侵入し、北米大陸に拡大していった。この北米大陸の侵入個体群を起源として、カリブ海諸国、オーストラリア、ニュージーランド、中国、台湾というように環太平洋地域はこのアリの侵入をひととおり受けている。

ニュージーランドだけは、たったひとつのヒアリのコロニーを発見し、それに対して1億2000万円の予算と、発見場所から1キロ圏内にじつに90万個ものトラップを仕掛け、さらに5キロ圏内を要注意エリアとして調査を続け、2年間徹底的に追跡調査（モニタリング）を行うことで、世界で唯一のヒアリ根絶宣言をなしとげた。しかし、これまでに駆除に成功したのは、このニュージーランドだけだ。

ヒアリの駆除に大失敗し手遅れになって、現在では諦めてしまっているのがアメリカだ。アメリカは1950年代後半から60年代にかけて、セスナを使って空中から有機塩素系殺虫剤のDDTを散布するなど、大規模な駆除作戦に乗り出した。その予算規模は当時のお金で合計300億円以上。しかし、アメリカの防除作戦はまったく効果を上げることなく終わってしまった。皮肉にも、そのひとつの大きな要因を作ったのは、環境科学の名著『沈黙の春』だった。

『沈黙の春』とヒアリ

改めて解説するまでもないかもしれないが、『沈黙の春』は生物ジャーナリストのレイチェル・カーソンが1962年に発表した〝警告の書〟である。ダイオキシンという強毒の化学物質が環境を破壊し、やがて春が来ても鳥はさえずることなく、昆虫も鳴かず、魚も川から消える——。「沈黙の春」という表現はセンセーショナルに全米を駆け抜け、世界中に広がり、環境科学や生態学の〝バイブル〟となった。もちろん、僕も何度も読んだ。

あまり知られていないことだが、そこにはヒアリの被害について、かなりのページを割いてある。

「ヒアリは合衆国南部の農業に深刻な脅威をあたえる、作物をいためため、地表に巣をつくる鳥の雛(ひな)をおそうから自然をも破壊する、人間でも刺されれば、害になる——こんな言葉をならべたてて、議会の承認を得たが、誤りであることがあとでわかった」

「このアリがアラバマ州にすみついてから四十年にもなり、またそこにいちばん密集しているのに、アラバマ州立保健所の言うところでは、《ヒアリに刺されて命をおとした記録はアラバマ州では一度もない》。そして、ヒアリに刺され治療をうけた場合も、《付随的》に起きた症状だという。芝生や遊び場に土まんじゅうのような巣があれば、子供たちはそばへ行ってみたくなり、それで刺されることがあるかもしれない。だが、たったそれだけの理由で、何百万エーカーに毒をまきちらすのは許されない。土まんじゅうを見つけたら、めいめいが始末をすれば、何も問題が起るはずはない」

そして、ヒアリ駆除のために大規模散布された農薬の影響については、こう書かれている。

「スプレーが行われた場所で死んだ鳥を解剖してみると、ヒアリ防除の毒を吸収したり、嚥下（えんげ）していた。〈略〉アラバマ州のある耕地では、一九五九年のスプレーのときに、鳥の約半分が死んだ。地面の上や、背の低い木にすむ鳥は、一羽残らず死んだ。スプレー後一年たったが、鳥は春を歌わず、いつも巣をかけるあたりにも巣の姿は見えず、自然は黙りこくっていた。テキサス州では、ムクドリモドキ、ムナグロノジコ、マキバドリが巣のなかで冷たくなり、からの巣もたくさんあった」

（いずれも、『沈黙の春』／翻訳：青樹簗一／新潮文庫／第68刷より）

この本は大ベストセラーになり、ついに世界を動かした。１９７０年代には、全世界でＤＤＴやＢＨＣといった強力で安価な殺虫剤が使えなくなってしまったのだ。

ＤＤＴといえば、頭から白い粉をふりかけられている昔の映像を思い浮かべる人も多いだろう。第二次大戦後の衛生状態の悪かった日本では駆虫剤として用いられ、その後、毒性が強いダイオキシンに変化するということが明らかになった、という情報も知っているはずだ。

確かにその点で、ＤＤＴは有害ではある。が、すべての物質に、致死量や環境に影響を与える量というのがある。水だって10リットルを一気に飲めば死にいたる。お酒はアルコール度数10度の濃度だと、１リットルで半致死量に到達する劇毒だ。それを全部が全部禁止していったら生きていけなくなる。そう、僕らはなんでも勉強し、理解することで「正しく恐れて」いかなければならない。

殺虫剤であっても、本来であれば改良に改良を重ねるスタイルがベターなはずだ。しかし、ＤＤＴののちには有機リン系殺虫剤にも発がん性が見つかり、次はネオニコチノイド系の殺虫剤にもさまざまな環境影響が明らかになり、欧米では使用が禁止になっている。いつまで、このようなことを続ければいいのか？

じつはＤＤＴの使用禁止はさまざまな弊害を世界にもたらした。パキスタンのマラリアの患者は一時期、年間26人にまで減ったのだが、ＤＤＴが使えなくなってから、患者数は２万人にまで戻してしまった。マラリアを媒介する蚊の駆除ができなくなったからだ。ヒアリについても駆除ができなくなり、当時、アメリカ農務省が心配していたとおり、アメリカ南部に広がり、地球規模の〝侵略的外来生物〟となってしまった。

もちろん、僕はレイチェル・カーソンのせいでヒアリが広がったといいたいわけではない。彼女自身、自分が書いた１冊の本によって、世界規模でＤＤＴの使用が制限されることになるとは思ってなかっただろう。警鐘を鳴らしたつもりが、予想していた以上に過剰に振れ過ぎてしまったのだと思う。

彼女がヒアリの被害を過小評価したのも無理からぬことで、ヒアリはアメリカに定着してから30年ほどはそれほど被害が出ていなかった。『沈黙の春』をきっかけとした環境保護運動が盛んだった時代までは、ヒアリの増加は指摘されていても、確かに刺されて死ぬ人はいなかったし、農業被害も経済被害もほとんどなかった。仕方のないことだったのだ。

結果として、『沈黙の春』は環境問題の難しさを幾重にも知らしめてくれる１冊になった。

日本は現在「未定着」

日本の現状はというと、2017年の〝初上陸〟から各地で発見の報告がされ、2019年秋には東京・青海ふ頭で女王アリと働きアリからなるコロニーの存在も確認されている。環境省的には「定着していない」という判断だが、僕ら専門家からすると極めて定着に近い状態にあると見ている。青海ふ頭では、50個体の翅の生えた女王アリが発見されていて、いまのところは交尾相手がいないため大丈夫だという判断だ。

しかしながら今後、ヒアリの侵入が止まるということは考えにくい。いくら新型コロナウイルスの影響で貿易が縮小している（2020年5月現在）とはいえ、このままずっとどこの国からも貨物がやってこないということはありえない。つまり、別のヒアリのコロニーが青海ふ頭で繁殖しないという確約はできないのだ。

今後とも、引き続き警戒は続けなければいけない。もし、巣が見つかった場合は、国や僕らのような研究者がチームを作って適切にひとつずつ処理していくしかない。拡散や定着を食い止めるため、僕は専門家としてできることはなんでもやっていこうと思っている。

でも、本当はそれだけでは足りないのだとも感じている。人間社会は「経済至上主義」

からどこかで目を覚まし、身の丈にあった適切で慎ましやかで環境に影響を与えにくい生き方をそろそろ模索していく時期にきている。それを実現することで、根本的にヒアリの問題が解決される、僕はそう考えている。

「なんで日本にいないアリの研究をやるの？」

アメリカ農務省はヒアリの天敵であるノミバエの研究など、生物防除法の開発を研究してきた。しかし、もう50年近く研究が進められてきたけれど、いまだに駆除は達成できておらず、近年はその予算が削減されているという。

いざ、ヒアリを発見したら殺虫剤を使わざるを得ないが、殺虫剤は在来種も殺してしまう。そうなると、その後、繁殖力の高いヒアリの侵入を招きやすくなる。僕らアリ研究者と自治体、環境省の職員のみなさんと協働で作業することによって、無駄に在来のアリや昆虫を殺すことなく、効率的にヒアリやそのほかの侵略的外来アリを駆除できるように２０２０年も活動をしている。

最新のテクノロジーも駆使して、できるだけ平和的な駆除を目指したい。僕も１９９３

年からの基礎研究を活かして、ここ十数年はヒアリについても生物防除について試行錯誤している。

ヒアリの研究をしていて、何度となく、「なんで日本にいないアリの研究をやるの?」と聞かれてきた(もちろん、ハキリアリの研究についても言われる。しかも、ハキリアリの場合、なかば呆(あき)れた様子で聞かれることが多い)。あるいは研究費を取ることはできても、実際の注意喚起には耳を傾けてくれない。人間というのは実際に問題が自分の身にふりかかってこない限り、わが事として対策を行うことが難しいものなのだろう。

19世紀に電磁場の基礎理論を確立したマイケル・ファラデーというイギリス人物理学者は、誰かに「これが人の何に役に立つのか?」と聞かれ、「いえ、これは基礎研究なので人の役に立つことはありません」と答えたそうだ。しかしながら、電磁場の基礎研究は現在、すべての情報産業の基礎となっていて、一体どれくらいの経済価値があるのか計算できないくらいの利益をもたらしている。

生物学にしても、プラナリアが体を切断されても再生するその謎の解明は、19世紀からはじまっていた。しかし、その当時から「再生研究は人間には応用できない」「錬金術のようなインチキだ」とも言われていた。

しかしいま、日本の山中伸弥博士によって発見されたｉＰＳ細胞とそこからの応用研究により、シャーレで心臓や肺（の細胞）が再生できるようにまでなってきている。先人が思い描いていた再生医療に近づいているのだ。プラナリアの基礎研究からｉＰＳ細胞につながるには２００年、待たなくてはいけなかった。

基礎研究の〝意味〟を考えるときに、プラナリアはとても象徴的だと思う。基礎研究をすぐに応用にまでもっていくのは、どのジャンルでも難しい。基礎研究の成果をそのまま受け入れて、評価していく、そういった科学的なリテラシーというか、度量というのが社会にあってこそ、応用研究がのちのち花開く、ということになる。

目指せ！「ヒアリホイホイ」

そこで、環境と共生できて持続的社会を実現できそうな最先端研究として僕が着目したのが、「音」だ。アリの音声コミュニケーションの研究はハキリアリで進めてきた。これをヒアリに応用しようというアイディアだ。現在、台湾で共同研究を続けていて、ある程度の成果は出てきている。ヒアリが嫌がって、巣から飛び出てくる音を見つけているのだ。

いまは、それを長時間流すことで、巣から出ていってもらえないかの実験を重ねている。

いくつかの工夫を施すと、ヒアリは「なんだか、ここイヤだな〜」と感じはじめる。そこで、別の箱に移動させることができれば駆除につながる。

名づけて、「ヒアリホイホイ」だ。

僕が研究対象としてきたのは、パナマの熱帯雨林など調和のとれた自然界の奇跡のように美しいキノコアリの世界だ。でも、ヒアリの世界は人間の活動とべたっと一体となったなかなかに複雑で面妖な世界だ。純粋なサイエンスだけではないけれど、防除という目的をもった研究は「人の役に立ちたい」という別のモチベーションによって駆り立てられている。

あとがき

僕の生活はアリ一色かと思われるかもしれないが、趣味はランニングや自転車。たまに青春18きっぷを使って旅に出ること。テレビは『水曜どうでしょう』（HTB）が大好きだ。でも、よくよく考えてみると、体づくりは中学生のときの野球部時代からずいぶん長くやっているけれど、記録などにはあまり興味はなく、ずっと続けてきた目的は過酷なフィールドワークに耐えられる体力づくりだ。

2年ほど前には、自転車で屋久島を回りながら、寝るのはゴロッとそこらへんという野宿旅を楽しんだが、それも、ヤクシカの糞を集めるというミッションがあった。『水曜どうでしょう』にしても、フィールドワークの楽しさの延長戦上にないわけではない。やっぱり、アリやフィールドワークからはなんとなく離れらないようだ。

僕は足幅が異常に広い。子どもの頃からとにかく大変だった。どんな靴をはいても、靴ずれはするし、小指の爪もなくなってしまった。この特殊な足幅に合う靴はどこにもなく、ずっと僕が足を靴に合わせてきた。

ところが3年前、「ワラーチ」というサンダルに出合った。ワラーチはメキシコ山岳民族ララムリ（タラフマラ族）がはいているサンダルで、僕はビムラムシートという登山靴の靴底の補強材を使って自分で作った。自分の足型に合わせたワラーチは歩きやすく、走りやすく、そして経済活動の少し外に出たような感覚がして、自由だ。

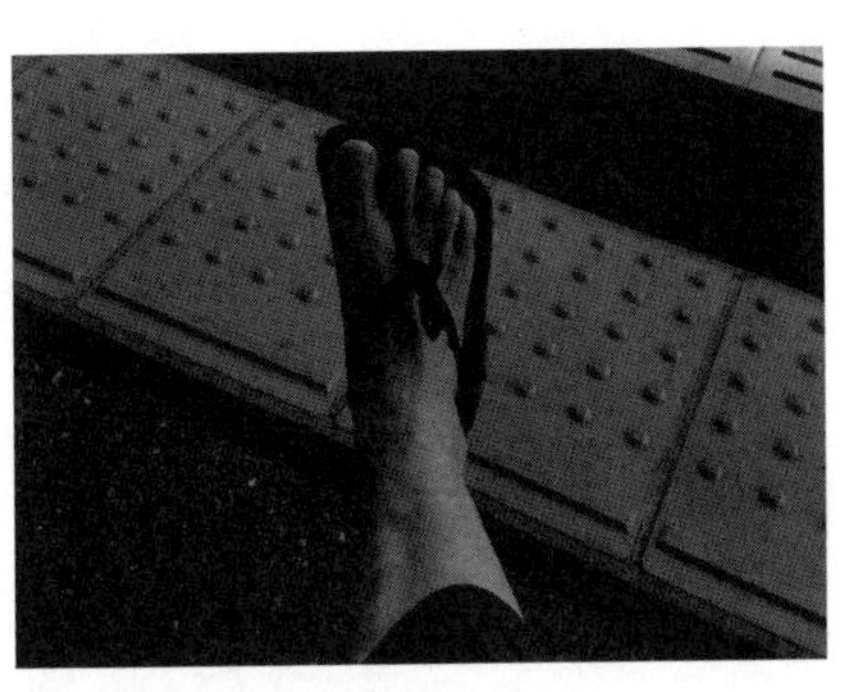

福岡マラソンを完走した直後のワラーチ

以来、年間350日はこのワラーチしかはいていない。ハードなフィールドワークのときにはさすがに地下足袋や安全靴をはくけれど、それ以外のときはいつもワラーチ。大学に行くときも家族で出かけるときも、テレビに出演するときもワラーチ。国際学会に参加するときだってスーツにワラーチだ。

2019年には、ワラーチをはいて福岡マラソンに出場した。紐が切れやすいので、念のため予備をリュックに入れてスタートをした。30キロ地点で交換はしたけれど、ワラーチで42・195キロを完走することができた。

僕がワラーチをはき続けているのは楽だから、というだけではない。いまの大量生産・大量消費社会に対して一石を投じる、自分なりの社会運動でもある。

大量生産・大量消費社会は便利で豊かな生活をもたらした。が一方で、地球全体の環境を脅(おびや)かしている。しかも、大量生産・大量消費社会は人間がものに合わせなくてはならない。決まった型に無理に押し込めなくてはならないのはつらい。僕の足もかわいそうに子どもの頃からずっと痛かった。でも、ワラーチなら自分に合わせることができる。小さいことだけれど、知れば、学べば、当たり前だ、仕方がないと思っていたことだって変えていける。

いま、「SDGs（Sustainable Development Goals：持続可能な開発目標）」が、声高に叫ばれている。SDGsとは、２０１５年9月に国連サミットで採択された国際社会共通の目標のこと。「持続可能な社会」を実現するため、貧困や飢餓、気候変動や自然環境、エネルギー問題などについて17の大きな目標が掲げられ、具体的なターゲットも定められた。目標達成の期限は２０３０年だ。でも、なかなか人間は、本当の意味で「持続する社会」を目指すことができない。そもそも、持続可能な社会とはどういうものか？

素敵な先生がいる。

それが、アリだ。


アリの社会はさまざまだ。一方、われわれ人間はというと、何かひとつの目指すべき方向があると勘違いしていないだろうか？　その結果、「発展」を是とし、エネルギー問題に飢餓、貧困、環境汚染などの問題を抱え、災害に怯（おび）えながら生きている。

キノコアリたちは大きく発展した複雑な社会を築いたものもあれば、小さく慎しみ深い社会を営むものもいる。どちらも正解なのだ。われわれも変わっていく必要があるのではないか。

アリは5000万年という長い時間、ほぼその生態を変えずにいまにいたっている。持続可能な完成されたかたちを作り上げたわけだが、それは、（彼も含め）彼女たちが膨大な時間をかけてトライ&エラーを繰り返してきた結果でもある。

一方、人間なんてたかが20万年程度の新参者だ。それなのに、さらにもっと短い時間の中で決断をし、環境を最適化しようとしている。あんまり無茶なことをすると、「生態系」の側から、「おやめなさい」と言われるんじゃないかという恐怖が僕にはある。「生態系」から離れたら僕たちは生きてはいけない。どんなにかっこいい都会的な生活をして、おしゃれな服や食事を楽しんで自然からかけ離れた生活を送っているように思っても、その素材は全部「生態系」から「無料で」プレゼントされたものだ。そのことを忘れていると、いつかパージされるのではないだろうか？　もう少し、考えなくてはいけない時期にきている。

もちろん、人によっていろいろな考え方があると思う。「地球がダメになったら宇宙に行けばいい」という人もいるだろう。しかし、「生命の起源は宇宙から来た」とか、「宇宙で新たな生態系を」と言ったところで、それでもやっぱり〝枠〟の中から出ることはできない。だから、たまには立ち止まって、アリを見てみようと思うのだ。

僕たちの足元には、こんなにも完成された生き物がいるよ。

アリって、すごいよ。おもしろいよ。

２０２０年５月　村上貴弘

本書の
引用文献については、
こちらをご参照ください。

村上貴弘（むらかみ・たかひろ）
九州大学持続可能な社会のための決断科学センター准教授。1971年、神奈川県生まれ。茨城大学理学部卒、北海道大学大学院地球環境科学研究科博士課程修了。博士（地球環境科学）。研究テーマは菌食アリの行動生態、社会性生物の社会進化など。NHK Eテレ「又吉直樹のヘウレーカ!」ほかヒアリの生態についてなどメディア出演も多い。共著に『アリの社会 小さな虫の大きな知恵』（東海大学出版部）など。

構成／鈴木靖子
校正／皆川 秀
装丁・DTP／鈴木貴之
イラスト・図版・写真提供／村上貴弘
イラスト／ぬまがさワタリ（P27、113、138）

扶桑社新書 335

アリ語で寝言を言いました

発行日 2020年 7月 1日 初版第1刷発行
2023年10月30日 第2刷発行

著 者……村上貴弘
発 行 者……小池英彦
発 行 所……株式会社 扶桑社
〒105-8070
東京都港区芝浦1-1-1 浜松町ビルディング
電話 03-6368-8870（編集）
03-6368-8891（郵便室）
www.fusosha.co.jp/

印刷・製本……株式会社広済堂ネクスト

Printed in Japan ISBN 978-4-594-08546-9